インターネット経済・エネルギー・環境

電子商取り引き(EC)がエネルギーと環境に及ぼす影響のシナリオ分析

著 ジョセフ・ロム＋アーサー・ローゼンフェルト＋スーザン・ヘルマン
訳 若林 宏明［流通経済大学教授］

By Joseph Romm, Arthur Rosenfeld
and Susan Herrmann

The Internet Economy
and Global Warming
A Scenario of the Impact of E-commerce on
Energy and the Environment

流通経済大学出版会

The Internet Economy and Global Warming:
A Scenario of the Impact of E-commerce on Energy and the Environment
by Joseph Romm
Copyright © 1999 by Joseph Romm

Japanese translation rights arranged with
Joseph Romm, Washington, D.C.
through Tuttle-Mori Agency, Inc., Tokyo

目次

訳者序文 ……………………………………………………………… 2

序 …………………………………………………………………… 5

政策提言のための要約 ……………………………………………… 10

第1章
  緒言 ……………………………………………………… 21

第2章
  対GDPエネルギー消費原単位に
  影響を与える諸動向 …………………………………… 37

第3章
  インターネットと建物施設部門 ……………………… 57

第4章
  インターネットと製造生産部門 ……………………… 83

第5章
  インターネットと輸送部門 …………………………… 119

第6章
  結論：
  エネルギー節約・環境保全型電子商取引 …………… 151

参考文献 …………………………………………………………… 157

訳者序文

　本書は，3名の著者，Joseph Romm, Arthur Rosenfeld, Susan Herrmann（The Center for Energy and Climate Solutions（www.cool-companies.org），A Division of The Global Environment and Technology Foundation（www.getf.org））により，1999年12月インターネット上（www.cool-companies.org）に公開された報告書"The Internet Economy and Global Warming－A Scenario of the Impact of E-commerce on Energy and the Environment－（インターネット経済と地球温暖化－電子商取引がエネルギーと環境に及ぼす影響のシナリオ－）VERSION 1.0 DECEMBER 1999"の邦訳である。この機会に本報告書邦訳の趣旨を述べておきたいと思う。

　現在，顕在化した地球温暖化は地球規模の気象を変動させ，海面上昇や豪雨洪水など直接的災害のみならず，水資源の枯渇につながる乾燥・砂漠化を引き起こす結果，地球の生態系が多大の影響を被り，世界的な社会・経済の変容が避けられない。
　1997年京都で開催された気候変動枠組み条約第3回締結会議（Conference of Parties 3 ＝COP 3）において，先進諸国は地球温暖化をひき起こす二酸化炭素などの温暖効果ガスの排出量削減を2008－12年の間に1990年レベルの5.2%とすることを約束した。我が国の削減目標値は6％であり，米国は

7％，欧州連合は8％である。なかでも二酸化炭素はあらゆる人間活動：生産・消費・廃棄過程で放出されるので，我が国の場合はもちろん，高度に経済活動が発達した先進国で発生量を抑制することは容易ではない。しかし，各国はすでに削減政策を策定しつつある。エネルギー使用に関する環境税の導入，自然エネルギーの利用，植林，熱と電力を同時に利用するコージェネレーションの促進，自動車燃費の向上，省エネルギー住宅の推進などである。しかし，いずれの対策の達成がどの程度期待できるかということになると，いずれも不確定要素が大きく，その成功は予断を許さない。可能性のある施策の必要性は言うまでもないが，地球社会全体の運営の観点より，新しい技術革新に依り，その目的を達成する機能を社会・経済活動の中に内在化させる必要がある。仮に，それが実現すると，我々は巧まずしてCOP3の目標の達成に資することになるであろう。少なくとも，米国については，その可能性があることに注目すべきである。本レポートは米国におけるインターネット経済の発展が経済一般の構造を一新し，エネルギー消費を節約し，炭酸ガス放出を削減しつつ，経済成長を促進するという歴史上例のない，新しい世界，新しい経済の物語である。

　我々が，病気になったとき，自覚症状発生が遅れ，気づいた時にはすでに手遅れと言うことが少なくない。予防対策が必要と言われる所以である．しかし，一旦病気との診断をを受けたとき，自己治癒力を強化するため療養の一法として転地療法がある。地球温暖化対策においても，類似の新しい方法が考えられないか？　本書にこの視点より，多くの示唆がみられる。地球環境を守るべきとき，人間活動の在り方にお

いて，衣・食・住・交通・通信を含めた生活と生産システムの根本的な変革が求められるが，個別の対策と共に，経済の構造的なシフトが不可欠である。すなわち，生産と消費の詳細を再編し，経済システム全体の効率を向上させる手法の採用である。かつてアダム・スミスは神のみえざる手がこれをなすべきものとしたが，情報へのアクセスが不十分であるとき，また環境問題などの外部経済が残るかぎり，地球経済は理想とはほど遠い。しかし，たとえ部分的であってもインターネット経済がこれらを解決してくれる可能性がある。すなわち，エネルギー・環境問題を解決しつつ，同時に社会的ニーズを満たす世界を我々が期待できるのである。とは言え，我々の文明史が教えるように，進歩の陰にはかならず新しい環境問題が発生したことを肝に銘ずるべきである。インターネット経済においても，情報へのアクセス能力を持つものとそうでない者の間の格差発生が懸念される。さらに，プライバシーや著作権保護の問題，決済に伴う安全確保の問題など，すでに指摘される社会的環境問題は少なくない。しかし，これらを克服する新しい技術がまた創造されて，新しい社会が新世界の中で発展していくに違いない。

　本書が我が国の多くの人々にとって現在米国を中心に起こっているインターネット経済を正しく理解するのに役立ち，より正義・公平・持続可能性に満ちた世界の創造に寄与できることを原著者Joseph Romm博士等とともに祈念するものである。

2000年7月　　若林　宏明

序

　今後，電子商取り引き（Electric Commerce＝EC）の成長は公企業，私企業を問わずあらゆる企業に無限のチャンスと挑戦をもたらすだろう。インターネット経済の地球の温暖化問題に対するエネルギー節約と環境保全効果とは，ECがエネルギー消費と経済成長の間にこれまで存在した伝統的な絆を根本的に変質させる結果新しく生まれる両者の関係の歴史的な変化がいかに私たちの経済成長と環境保全に寄与するのかと言うことである。

　本報告書は，企業の温室効果ガス放出削減を支援する総合専門センターであるエネルギー・気候変動解決センター（Center for Energy and Climate Solutions＝CECS）によって公表されたものである。CECSは持続可能な開発基盤構築を専門とする非営利的機関である地球規模環境・技術基金（Global Environment & Technology Foundation＝GETF）の一部門である。1994年以来，GETFは持続可能なビジネスの進め方を奨励するため，当時よりいち早く最新のツールとしてインターネットを利用している。

　本報告書出版を機会に，この目的にとって多大の貢献が期待されるより革新的な技術と新しい協力者の出現を希望したい。我々は，本報告書の内容をより完全にするため，執筆にあたり採用した方法と分析結果に関して読者よりのフィードバックを期待する。このテーマが極めて重要な主題であるこ

とに鑑み，またインターネットがかくも急速に進歩しているので，我々は定期的に当分析結果を改定する予定である。次期改訂版としてより正確かつ見落しの無いバージョン1.0の出版に向けて読者よりのフィードバックを期待する。

特に，本報告ではインターネットがどのようにしてエネルギー消費と環境に正・負の影響を与えているかをみるため，できるだけ定量的な詳細例を取り上げた。当センターは，能力的に不充分であることを自覚しつつも，環境影響の定量化を目指そうとする企業や組織を産業部門にかかわらず積極的に支援する方針である。

この報告書は多くの専門家個人の援助を受けている。すなわち，Erik Brynjolfsson, Mohan Sawhney, Roger Stone, Kirsten Lange, Craig Schmidt, Brad Allenby, Bruce Nordman, David Rejeski, Joel Prakken, Patricia Mokhtarian, Tad Smith, Nevin Cohen, Jesse Ausubel, Lee Schipper, Skip Laitner, Howard Geller, Gail Boyd, Amory Lovins, Alan Meier, Jon Koomey, Michael Totten, Mark Borsuk, David Malchman, Peter Arnfalk, Steve McHale, Daniel Deutsch, Lee Eng Lock, David Guernsey, Don Chen, Raymond Boggs. の諸氏である。ことに，David Michaelsには本報告書の綿密なチェックを受けた。

われわれは，センターを支援されている以下の機関に感謝する。Energy Foundation, John Merck Fund, New York Community Trust, the Rockefeller Brothers Fund, および the V. Kann Rasmussen Foundation"

"エネルギー・地球気候変動解決センター（CECS）"紹介

　当センターは，企業や諸機関が利益を改善し，生産性を向上させつつも，エネルギーコストと温室効果ガス（GHG）排出を削減し環境を向上させるツールと戦略を提供する企業援助を目的とする総合専門機関である。センターのパートナーとクライアントには，フォーチュン（Fortune）誌100の企業，ベンチャー企業，環境保全非営利機関，並びに連邦機関が含まれている。

　1998年設立以来，センターは企業のGHG放出抑制とエネルギー消費効率向上に関する最善の手法を開発し，高度の事例研究結果を発表している。これらは1999年出版の『Cool Companies』（Island Press, 1999）に公表された。温室効果ガス排出大幅削減により，優良企業が如何に利益を拡大し，生産性を向上させるかが，ウォールストリートジャーナルとABCニュースに取り上げられた。1999年，CECSは世界野生生物基金（the World Wildlife Fund）と共同で，主要企業のGHG抑制計画への参加を奨励するため，'悪天候よりの救助者プログラム'を制作した。

　センターに所属する米国有数の専門家はセンターのクライアントやパートナーとチームを組み，協力して仕事を進めるスタイルをとっている。クライアントが自らのエネルギーコストとGHG排出削減が自社利益に繋がったことの確認評価をし報告書を作成する。重要なCECSのチームメンバーは以下の通りである。

- Joseph Romm 博士：著名な著者・学者・エネルギー専門家，CECSの専務取締役。博士は前米国エネルギー省副長官代理としてエネルギー消費効率と再生可能エネルギーを担当

した。気候変化抑制に関する企業努力を初めて評価分析した本の著者である：『Cool Companies』(Island Press, 1999). 博士はエネルギー消費の節減管理に関連して, Lean and Clean Management (Kodansha International, 1994), その他数10編の記事, 講演, 出版物の著者である。

- Art Rosenfeld 博士：気候変動抑制とその分析のみならず, 建物と建物設備家電品のエネルギー消費効率に関する最先端専門家の一人である。エネルギーに関する360の科学技術論文と3冊のベストセラーの著者である。ローレンス・バークレー国立研究所建築物科学センター, (1975-94年) 創立者であり前所長である。

- Hank Habitat：地球規模の環境と技術基金の最高経営責任者 (CEO) である。米国EPAの副長官 (1989-93年) に引き続きSafety-Kleen社の先任副社長 (1993-98年) を勤めた。この企業は40万の顧客に技術指導とリサイクルサービスを提供している。

- Susan Herrmann：CECSプロジェクトマネージャー, 技術者でありエコノミストでもある。公私両部門においてポートフォリオ戦略を設計し適用する仕事を行った：全体的コスト－利益分析, 国際標準化機構のISO14001の環境管理システム, ライフサイクルアセスメント (LCA), 環境設計と通信システム設計。

　CECSはエネルギーコストとGHG排出を削減用の実際的な戦略とツールを供給するために, 企業, 政府, その他の組織と協力体制をとっている。対象とするサービスには以下のようなものがある。

・企業がGHG放出削減に要するコストを削減しつつ生産性を向上させる戦略の立ち上げの支援

・GHG 放出削減最適手法の PR 活動，GHG 排出の目標値と削減量の不偏的であり信頼性のある認証方式の提供
・エネルギー効率向上と GHG 放出削減の機会を広げるためエネルギー供給企業との共同作業
・エネルギー消費効率を引き上げつつ，環境への悪影響を抑制し，経済成長を促進するための情報テクノロジー企業およびインターネット企業との共同作業（これは，'エネルギー節約・環境保全型電子商取引（eee-commerce）'と呼ばれている。）
・講演会，出版物，並びに CECS のウェブサイトを通して，GHG 排出抑制努力について社会 PR 活動・教育（ウェブサイトは http ://www.cool-companies.org）．

政策提言のための要約

　本報告書は，米国のエネルギー消費に関する現在と将来の動向について，インターネット経済の成長が及ぼす影響分析である。

　世界は今，ECによるインターネット経済の爆発的成長を支える複雑な構造をやっと理解し始めたところである。言うまでも無く，我々のライフスタイル・労働・消費に対して，正負両面の影響が未曾有の形をとって発生しつつある。我々としては，関連産業が巨大な挑戦とチャンスに戦略的に適応できれば，国レベルでのエネルギーと資源の構造的節約に繋がり，環境保全の成果に結びつく可能性がある点を理解する必要がある。本報告書では，現時点では不完全・不確実ながらも，利用可能なデータに基づく分析をもとにして荒いシナリオを描いた。願わくは，これらのシナリオよりチャンスと挑戦を認識するビジネスリーダーが新しい研究に着手し，また，政策立案者が政策の提案をすることを期待する。いずれここに見られる力学が将来の米国の安定と全世界の平和への道筋の根本を形成することであろう。

主要ポイントと結論

- 米国が，1997，1998年の2年間，4%/年という経済成長を経験したことは注目に値する。その殆どは情報技術（Information Technologies＝IT）産業によって引き起こさ

れた電子商取引（EC）の増加に基づくものである。そこでECの役割が注目される。
- IT産業によって，経済全体の生産性は大幅に上昇した。この2年間，米国のエネルギー消費に伴う大気汚染物質，ならびに地球温暖化に繋がる温室効果ガス排出は殆ど増加しなかった。
- 1986年より1996年までの10年間，米国の対GDPエネルギー原単位（エネルギー消費/国内総生産（ドル））は1%/年減少した（すなわち，エネルギー生産性は向上した）。続く1997-98年2年間，原単位は3%/年以上減少したが，これは石油低価格の時期であるにも拘わらず発生した前例がない変化であった。しかるに，1998年における米国排出温室効果ガスは0.2%の上昇に止まった。これは1991年（不況年）以来最低の伸びであった。
- 米国環境保護局（EPA）とアルゴンヌ国立研究所（ANL）による予備的分析によると，最近のエネルギー原単位向上の1/3は，歴史的に必ずしもエネルギー集約的でない部門の成長が，'構造的成長'であった。（IT生産部門であるコンピュータ製造・ソフトウエア部門の成長は化学薬品・パルプ・製紙・建設産業と言ったエネルギー集約産業と成長率が異なる。）残る2/3の向上は，部門全体での'エネルギー消費効率の改善'から生まれた。エネルギー効率向上策は伝統的な考え方が普通である。例えばコンピューター工場ではその建物で最新の高性能モーターを採用し，ソフトウエア産業では企業能率的な照明を使うことを考え，化学工業は，製品の単価あたりのエネルギー消費を削減するため，化学製品製造プロセスで新設計を採用する事に止まるであろう。しかるに，IT生産産業が高成長を持続する

限り，構造依存の経済成長が持続基調となり止まることをみせないであろう。
- 米国環境保護局（EPA）は，IT生産産業の高成長によって起こった構造変化がもたらすエネルギー節約・環境保全効果を予備的に分析した。その結果，過去の主要な分析と予測が結果的に不充分であることが分かった。すなわち，それらが全米国経済成長を全体的に過小評価する一方，2010年時点までの米国エネルギー消費と二酸化炭素排出を5％過大評価していたことが判明した。
- このように，エネルギー消費効率が上昇し続ける傾向には，二つの理由が考えられる。

　第1に，自ら温室効果ガス(Green House Gases＝GHGs)排出の削減戦略を率先して開発・実行する企業数が増加しつつあるが，その戦略中にエネルギー消費効率自体への投資が含まれているため効果が加速傾向にあること。

　第2に，フォーチュン（Fortune）誌の格付け特選米国優良企業1,000社を対象に，エネルギー管理を外部企業より受注するエネルギー専門企業数が増加しつつあること。これは，過去10年間にわたり，エネルギー消費効率技術と向上戦略のより幅広い採用を遅らせてきた規制障壁の多くが取り除かれたため，これら企業間の取引が進んだためである。
- 本報告書の基本仮設は'インターネット経済それ自身が構造的成長と効率向上的成長の両方を生みだし，両者が同時に重要である'との見解である。例えば，今後とも，ディスクやCD（航空機やトラックによって配達される）上のソフトウエア製品がインターネット上で配信され，文字通り電子ファイル化する傾向が続けば，インターネットによ

り，経済の構造依存の成長が持続するであろう．また，小売企業が新しい店舗を新築するより，むしろソフトウエアを活用して，インターネット上に自らの店舗を開店すれば，それもまた，構造依存の成長に繋がるであろう．このような'脱物質化（Dematerialization）'によりエネルギー消費が節約される．すなわち，インターネットにより，物質の電子化すなわち'電子情報化（e-materialization）'が現実化する．2003年までに，紙の電子物質化のみでもエネルギー消費の削減分として，全産業エネルギー消費の0.25％とGHG放出削減の正味GHG排出量の約0.25％が達成見込みである．2008年までにこの削減は2倍以上の規模になると見られる．我々の評価では，インターネット経済により，米国建物床面積のうち30億平方フィートが不必要になる．これは米国のうち商用床面積の5％に相当する．その結果，建築関連エネルギー消費もそれに相当する量が節約されることになる．また，2010年までに紙・パルプ，建設業における電子情報化（e-materialization）によって，節約される米国の産業のエネルギー消費とGHG排出削減は優に1.5％/年以上に達すると予測される．

● インターネットによるエネルギー消費効率の改善が産業の広い範囲に及ぶ可能性がある．企業・消費者間電子商取引（Business To Consumer Electronic Commerce＝B-TO-C EC）では，たとえば書籍の場合ように，小売店に比べ単位面積当たり倉庫の方が格段に多くの製品を収納することができる．それでいて，前者に比べると単位面積あたりエネルギー消費が極端に少ない施設である．そこで，インターネット上で売られる書籍及び類似製品は，単位商品当たりのエネルギー消費はこれまで小売りの場合に比べ桁違いに

小さくなる。

- 企業・企業間電子商取引(Business To Business Electronic Commerce＝B-TO-B EC)はB-TO-C ECの5－10倍規模であると見積られるので，B-TO-B ECのもたらすエネルギー節約・環境保全効果はより重要である。既存の製造業と並んで流通企業がインターネット上に自らのサプライチェーンを置けば，在庫が削減されるのみならず，生産過剰・不必要不動産購入・書類の山の中での取り引き業務・購入品誤発注などが解消し，企業はほとんど追加のエネルギー消費なくしてより大きい利益を達成できる。連邦準備制度理事会(Federal Reserve Board＝FRB)議長Alan Greenspan氏が1999年6月の議会で行った証言では，"湯水のような情報技術の活用の結果，前倒しが実現しリードタイム（製品化市場導入時間）が短期化したため，資本・労働等が遥かに生産的となり，それらを高質資本として投入活用できるようになった。その結果，10－20年前にくらべると企業の生産性が格段に上がり，資本投資をより有利なものとした。[1]" 仮に，電子商取引の結果，2,500億－3,500億ドルに及ぶ全在庫が削減され，それが現在の米国在庫の20－25%に相当するとすると，インターネットによるエネルギー消費効率改善効果が如何に顕著であるかがわかる[2]。特に，エネルギー集約的である製造部門においては'汚染防止'ほど環境上の利益が大きい環境対策は無いと言えるので，効用が少なく環境汚染にもつながるような製品製造を控える一方，不必要なオフィスや製造工場を建造しない方針こそ最大の環境保全策であると言える。
- さらに重要な効果の一つは，いわゆる遠隔電子通勤者(telecommuters)がオフィスで時間をほとんど過ごさなく

なる一方，新しく文字通り自宅ベースのビジネスも多く設立されるようになって，これら2者がインターネットによる家庭のオフィス化を促進することである。インターネットにより，自宅ベースの労働者にとって，多くの有益な情報へのアクセスと仕事上の同僚・顧客により高速の接続が可能になった。B-TO-C，B-TO-Bを問わずEC全体の成長にともない，いずれの場合も，仕事処理はインターネット操作で時間を過ごすことになるが，そのような仕事は既存のビルオフィスより，ホームオフィスで行う方が容易である。この方向へのシフトが個人のエネルギー消費を増やすことは明らかである。しかし，通勤に伴うエネルギー消費が減少するのみならず，オフィス建物建設とその運用エネルギー費が不要になるため，結果的に格段に大きいエネルギー消費が節約される。

- インターネット利用の特徴として，より多数の小包商品配達のように，かえって多くのエネルギー消費を必要とするであろうことが懸念される。しかしながら，これらがエネルギー消費の正味増加につながるとは限らない。例えば，トラックによる能率的な商品一括の配達を行うことにより，モール・スーパーマーケット・書店などで個別の買い物をすると言う非能率自動車運転の少なくとも一部分が代替されると考えられる。これは小荷物の大多数が郵便配達員（形式的には，すでに全国で毎日全家庭の前を通過している）によって配達されてきた歴史を想像すれば如実である。

- しかし，現時点でなお不確かな点は，一体，移動がインターネットの上のサイバー移動で構わないとする既成概念が出来上がる可能性があるかと言う疑問である。米国人の大部分がここ2，3年で自らの運転習慣を変化させるかどう

かである。すなわち，問いは，一体インターネットが21世紀のモールになるだろうか？　と言うものである。クリスマス時期，基本的に贈答物流を伴う贈り物のインターネット購入が発生し，送り先の近くの商店より相当品を届けることを行うと輸送エネルギー消費と大気汚染発生のかなりの量を削減することができる。航空貨物や洋上貨物船輸送は最大のエネルギー消費集約的物流形態であるので，ギフト等を電子取り引きで購入する場合に，最大の物流環境上の利益がえられる（貨物機や貨物船で運ぶ必要がない）。ここではエネルギー消費節約と環境上の利益を最大にするようなEC活用法を取り上げ，エネルギー節約・環境保全型電子商取引（eee-commerce）と呼ぶ。

- インターネットがかくも急速に成長したにも拘わらず，関連データの収集・分析は不十分なままであるので，現時点で予備的な結論以上精度の良い情報を保証することは出来ない。（特に，インターネットの輸送代替可能性とその分析は困難である）。これは，我々がこの分析を'シナリオ'と標榜する理由であり，したがって，あくまでもこの分析結果は'予測'ではない。我々は，インターネットが既に製造業部門のエネルギー原単位を低下させており，可能性として，この部門において最大のエネルギー節約・環境保全効果を持つであろうと考えられる。仮にそうだとすると，製造業部門が米国の大気汚染発生と殆どの有害廃棄物とそれ以外の公害廃棄物の1/3に対して責任がある以上，インターネットこそ最大の環境保全機能を持つ可能性がある。我々は，インターネットにより，国全体のエネルギー原単位に対して商業用建物部門のもつ影響を大幅に削減できると考える。この部門のエネルギー原単位とその向上分は住

宅建物の電力消費原単位の向上を上回るものである。我々は，インターネット経済においては，輸送部門のもつ効果は甚大で，むしろ，それがあって初めて著しく正のエネルギー節約・環境保全効果を持ち得るのではないかと考える。一般的に，ECのためによく使われる一つの力学的表現'無摩擦'の概念は評価することができ，有意義であると考える。力学での'摩擦'現象は，エネルギー熱損失のことである。流通においても摩擦現象がなくなるならばエネルギー消費節約に貢献する。

- 事実，仮にインターネットがエネルギー原単位を既に低下させているとすると，今後とも，益々大きいエネルギー節約・環境保全効果を持つと考えられる。'インターネット経済'は，今後，10倍以上，桁違いの成長が予想されている。すなわち，今日の100億ドルレベルより，ほんの数年後に1兆ドルの大台へ飛躍すると予想されている。更に，インターネット経済が全体の米国経済のごく一部を占める場合でも，経済全体の成長のなかで構造的に高い寄与を示すであろう。これは，本報告書が，経済成長とエネルギー消費成長の関係に対し，有意なインターネットのもたらすエネルギー節約・環境保全効果の分析で不可欠なポイントである。

- 我々は，これらの動向が相俟って，1997－2007年，さらにその先までも，多分1986－96年の10年間に経験した1％/年と言った低レベルのエネルギー原単位向上に止まることはありえないと考える。我々は，2000年以降米国におけるエネルギー原単位の向上は，1.5％/年はおろか，多分2.0％/年以上であると考える。仮に，これが正しいとすると，これまで米国で使われてきた主要な経済モデルは，例外無

く修正が余儀なくされるだろう。事実，例えば政府のエネルギー消費予測の主要専門家集団であるエネルギー情報局（EIA）は，エネルギー原単位向上予測として，1.0%/年以下の小さい数字を採用してきた。仮に実際の数が1.5%/年ないし2%/年に近ければ，米国が今後10年間に必要とする発電所数や，国家予算に対する温室ガス削減予算など，関連する予測がすべて変更を余儀無くされることであろう。既に，予備的データによると，1999年のエネルギー原単位が2.0%/年以上の減少が見込める。

- その結果，経済モデルの中で旧来幅広く採用されたその他の多くの要因（たとえば建物建設/GDP, 紙消費/GDPといった要因）も変化が必然である。例えば，GDP成長がインフレ率に影響を与えると言う具合に連鎖的に影響する可能性がある。すなわち，我々が過去に経験した経済成長と異なり，インターネット経済により，異質の経済成長が実現する可能性が十分ある。言い換えれば，今日すでに，多くのエコノミストも認めていることであるが，この報告で我々が提示するシナリオはこの'新エネルギー経済'がエネルギー消費，環境，経済予測に深淵なエネルギー節約・環境保全効果を持ちつつ'新生経済'を支えると言うものである。

- 企業レベルでも，自らエネルギー原単位の有意な向上を達成するために，従来のエネルギー消費効率に'インターネット効率'を組み込んでいる。1例として，この分野での代表企業の一つであるIBM社では，企業のエネルギー管理に当たりそのオフィス建物で効率的な照明を採用し，工場においては最新のモーター技術を活用するなどして大成功を収めた。同社はまた，本拠地建物でなく外勤（遠隔通

信勤務）を主体とする営業部とサービス組織の重要な部門にノート型パソコンと情報端末を活用させるなど，米国企業中，最も野心的な行動計画を推進している。さらに，同社は電子ネットワークを利用して在庫管理と生産計画を現状の容量・能力一杯まで活用し，結果的にそれらに対する投資レベルを下げ管理費を削減してきた。これらの努力が相俟って，IBM社では1990年代ほぼ全期間に渉り，約4％/年規模のエネルギー消費の削減に成功し，さらに有意な成長を実現しつつもここ差し当たりエネルギー消費削減の継続が可能であると踏んでいるのである。

第1章
緒　言

　1997，1998年の2年間に一見無関係な二つの変化が米国経済に出現した，第1の変化は良く知られているインターネット利用の急増である。第2の変化は必ずしも知られていないが，経済成長とエネルギー消費の関係の変革である。この2年間，米国経済は8％成長したがエネルギー消費は1％の伸びに止まった。かりに，米国の経済成長とエネルギー消費の関係がこの2年間においてもそれまでの10年間の傾向と同じであったとすると，エネルギー消費の伸びが6％はある筈であった。今日，大気汚染の原因が人間活動におけるエネルギー消費に由来するものであることを考慮すると，目にはみえないものの，この事実のもつ意味は重大であると言わざるをえない。言うまでもなく，代表的地球環境問題である地球温暖化をもたらす主要な大気成分・炭酸ガスは化石エネルギーの燃焼により発生するものである。実は，米国において1998年の炭酸ガス放出は0.2％という小さな伸びであり，景気後退年であった1991年以来の低水準にとどまった。[3]

　このように，過去の認識とは異なり，エネルギー消費と経済成長間の相関が一定でなく変化しうるものであるとすると，

それは米国の長期経済予測とエネルギー消費予測に重大な影響を及ぼす。例えば，科学的知識にもとづき，地球温暖化と気候変動の原因であると指摘されている各種の温室効果ガスの放出を抑制するために，いくらの経費を見込むべきであるかという国家的基本問題に影響を与える。地球温暖化の科学的な側面については，すでに何千という研究報告があるので本報告書では割愛する。[4]

米国におけるエネルギー原単位（以下断わりのない限り，原単位＝エネルギー消費量／GDP）が減少している原因が唯一であると言うわけではない。インターネット利用と，エネルギー利用動向にしぼり，どのような関係があるかを明らかにすることが本研究の目的である。米国におけるエネルギー消費は建築施設部門，製造部門，輸送部門の3部門がほぼ3等分している。インターネットには，小売店舗をホームページで代替し，倉庫施設のような現物を供給連鎖網（サプライチェーン）をつかさどるシステムソフトに置換し，印刷物とCDを電子情報化することにより言わば脱物質化し，トラックを光ファイバーケーブルに置換する機能がある。

緒言に引き続き，本報告はインターネットがこれら主要経済活動の3部門のエネルギー利用に如何に影響を与えうるかに特化して分析する。

インターネット経済は始まったばかりであり，現在・将来の関連データは，現状では定量的に不足しており，定性的にも不十分である。事実，データ源のほとんどは電子商取引（EC）と関連する市場調査，経営コンサルティングなどに携わる業者より提供されたものであり，それらは彼等による自らのビジネス振興を目的とする業務分析結果に過ぎないと言うことを念頭に置く必要がある。[5] 事実，すでに「EC」や

「インターネット経済」なる言葉は幅広く使われ始めているが，それらの定義にさえ定説がある訳ではない。[6]

これまでのところ，"インターネットが及ぼすエネルギー節約・環境保全上の影響分析レポート"は皆無に近い。[7] 環境を対象として，製品や商品がその素材調達から生産，物流，消費，リサイクル，廃棄，廃棄物管理に関り必要とするエネルギーと環境汚染物排出量を総合的に評価分析する手法であるライフサイクルアセスメント法（Life Cycle Assessment＝LCA）を適切に行うことは容易ではないことが分かっているので，いずれのレポートもその内容は少なからず眉唾であるとみられがちである。[8] 極く最近になって，インターネットの基本技術である情報通信技術（IT）が及ぼすエネルギーと環境に関る正負の効果を相殺し正味の効果を評価したレポートがやっと刊行されたが，まず妥当なものであるといえる（第5章参照）。ITに限らず，技術開発の分野の将来予測は困難であり，当たらない場合が多い。米国の中央銀行の役割をはたす連邦準備制度理事会（FRB）議長であるAlan Greenspan氏はITに対し楽観的であり，"IT楽観論者"の1人として知られているが，1999年6月，下院における証言で，「今日までのところ実証された目覚しい進展にもかかわらず，将来のIT技術進歩の予測と，それが米国の生産性ならびに経済全般に及ぼす影響評価にあたり我々の持っている能力については，いささか控えめな認識を持つことが適切である」と述べている。[9] これまで行われたエネルギー分野の予測が不十分なものであり，過去においてほとんど当たった例のないことを考えると，この証言の持つ意味は重大である。このようなわけで，ここでは，戦略的エネルギー計画立案によく用いられる"シナリオ分析手法"を採用することとする。これは，

エネルギー業界で最も高く評価されており，国際石油企業 Royal Dutch/shell 社で採用されている手法である。まさに，言わば'白書'とも呼ぶべき本報告書の目指すところは，専門のアナリスト達がこれまでインターネット特有の経済のもつエネルギー節約・環境保全効果を含めないでエネルギー予測を行ってきたが，今後，本報告書のレベルを超えて，より精度の高い予測に取り組んでいただくにあたり考慮の余地があると思われる論点を整理することであり、本報告の趣旨である。

インターネットが将来に及ぼす影響は今のところは未知であるとしても，インターネットの向かうところが強力な影響をもつものであることだけは間違いがない。事実，先のGreenspan議長が1999年6月下院で証言したように：

"近年，アメリカ経済には異例の事態が発生した。
20年前には過去の栄光を夢見た経済であったが，技術の進歩に根ざしつつ今日の経済成長は順調な伸びを見せている…。
情報技術の革新—いわゆるIT革命—は，5年前には想像も出来なかったスタイルで，今日，我々のビジネスと価値の創出法を変革し始めている。"[10]

爆発するインターネット経済

合衆国のみでもインターネットの利用者数は，1993年の500万人から，1997年に6,200万人に，そして，1999年半ばの時点で1億人以上にまで急増した。1998年4月に出版された電子商取引に関する商務省の史上初の基調報告によれば，"イ

ンターネットが社会的に採用される速度は歴史的な諸技術の浸透速度の比ではない。ラジオに5000万人の人々がチャンネルを合わせるまでには発明の時点より38年かかった。TVがそのレベルに達するのに13年がかかった。インターネットの場合は，一般大衆に開かれた途端に，4年でその時点に達した。[11] そして，自動車交通量にあたるインターネット交通量は100日ごとに倍増している。[12] 1999年中には20億件以上インターネットによる商品発注が発生するであろう。[13] すでに，インターネットは合衆国家庭の全購入力人口のおよそ60％によって使われている。

インターネットの高速成長は，それのもつ未来への影響は言うまでもなく，現在の影響さえ理解することが困難である。一つには"ネットワークに関するMetcalfe法則（Metcalfe's Law of Networks）"のためである，これは「ネットワークの有用性はユーザー数の2乗に比例する」と言う法則である。換言すれば，ユーザー数が時間とともに直線的に増加するとしても，インターネットの効用とそのエネルギー節約・環境保全効果は指数関数的に増大すると言うものである。1998年出版された本（(Unleashing the Killer App.)）（ウインドウズOSのような独り勝ち独占的ソフトの自由化）において，著者は，"特定のソフトウェア，ネットワーク，基準，ゲーム，本が多くの他人に使われれば使われるほど，それだけ一層高価値化する。そして，新しい別のユーザーが，その有用性と採用のスピードを増加させつつ，より多くのユーザーを引き付けることになるであろう"と言う。[14] 彼等は言う，「一本の電話は無意味である。数本の電話の利用価値も限られる。しかし，100万の電話機が巨大なネットワークを作る」と言う。まさに，インターネットは，カリフォルニア大学の電子経済

プロジェクト（E-economy Project）の報告にあるように，"電話とは比べ物にならない，よりいっそう強力なネットワークを可能にする。2地点以上の複数の地点間に専用接続により確立した電話となって，過去のコミュニケーションシステムと異なり，インターネットはほぼ無限とも言えるノード（中継点）間でデジタル情報の同時的交換を可能にする。それに加えて，革新的ハイパーテキスト技術，すなわち，ノードからノードへほとんど努力なしに一瞬時に移動できる機能をもつことである。"[15]

　"オンライン競売"はインターネットのもつネットワーク効果の大きな例である。インターネットは多種多様な商品およびサービスを対象に，ほとんど仮想的全世界的な交換経済を創造し始めている。ぬいぐるみ人形・キャンデー取り出し容器さえ競売にかけられている。しかし，以降の節で詳述するように，その対象とするところは幅ひろく，鋼材や用紙のような基本財のみならず，貨物トラックの空き荷空間さえ競売の対象になる。それらは，いずれも潜在的に多大のエネルギー節約につながるであろう。

　今日，100％近くではないにしても，多くのアメリカ人が，ブランド名のついた企業・消費者間の電子取引サイトであるAmazon.com, eBay, Blue Moutain, Travelocityなどの利用に精通している。しかし，はるかに大きい経済影響が思いがけないところに潜んでいる。すなわち，

　　　"最近一般の注目を集め，話題となっている企業・消費者間市場（B-TO-C EC）は規模的に企業間電子商取引（B-TO-B EC）により凌駕されており，未だ語られてはいないがオンライン取引の成功物語となっている。Forrester Research 社によると，B-TO-C EC が1998年の年間78億

ドルから2003年に1080億ドルまで成長が予測されるのに対して，B-TO-B EC は同じ期間に，430億ドルから1兆ドルの大台に舞い上がると予測している。"(Mohanbir Sawhney, ノースウエスタン大学・ケロッグマネジメント大学院・"電子商取引と技術"グループの代表者，並びに Steven Kaplan, シカゴ大学経営学大学院・ベンチャープログラム主任教授，"Business 2.0,"1999年9月号)[16]

後章でふれるが，米国の代表的企業である IBM, Cisco Systems, GE 各社を事例として，状況を見れば多分我々にも Metcalfe の法則の威力が理解できるであろう。すなわち，より多くの会社がインターネット上にサプライチェーンを置くにつれて，インターネットによる節約・効果の指数的増大現象がよりはっきりと目にみえる。例えば，GE 社の場合，インターネットによる資材購入を合理化にすることにより，会社全体で5億-7億ドル/年節約できたと分析している。[17]
"私 (Jack Welch) が GE で過ごした全期間にあって，かくも重大かつ広範に及ぶ影響を伴う事態はかつて経験したことは無かった。インターネットの順位は？　と聞かれたとき，私の答えはナンバー1より4のすべてをインターネットが占める。"(Jack Welch, GE 社の最高経営責任者 (Chief Executive Officer＝CEO), Business Week,1999年6月号[18])

インターネットは経済の全てにわたり，非能率を排除しつつ稼動率を増加させるという驚くべき機能を持っている。それは過去20年間にくらべ，格段に高い生産性成長を可能にしながら，知らずしらずいわゆる"新経済"の育成に手を貸しつつあるのかもしれない。

今日インターネット経済が全合衆国経済のなかで，比較的小さいシェアであるにもかかわらず，すでに経済成長の要素

のなかで大きな比率を示している。1999年7月に米国商務省が出版した報告書"デジタル経済の出現"は，この分野の基調報告であり，コンピュータ，半導体，電話装置，ソフトウェア，プログラミング，コンピュータ保守のような，情報通信技術（IT）が作り出す産業の詳細な分析の公表データである。[19] 商務省はそれらITが作り出す産業が1998年末時点で，合衆国経済の約8％であるに過ぎないものの，1997年と1998年の間に実質成長の28-29％の貢献があったことを認めている。

さらに，必ずしもこれらの数値には典型的にインターネット経済の定義に含まれていないものもある。すなわち，この2年間にインターネット上の売上の内，IT産業製品を利用して，Webサイト，イントラネット（内部ネットワーク）とエクストラネット（供給元企業を含め一定数の社外企業とつなげたネットワーク）を創出したものであっても，伝統産業による売上収入分は含まれていない。インターネット経済のもつ一側面ではなく，このような総合的な影響の分析研究も始まっている（テキサス大学オースチン校・経営大学院・電子商取引研究センター）。

1999年10月時点での結論は：

　　"合衆国のGDPは1999年に3,400億ドルに上ると予測される。GDPと商品サービスの売上総額の定義に相違が残るため，正確な比較は困難であるが，1999年のインターネット由来の経済成長分2,000億ドルは今後健全な経済成長を維持するに重要な役割を演ずるであろう。"[20]

このように，インターネット経済は米国の全体的な経済成長にとってますます主要な役割を演じている。我々は，情報技術とインターネットがこれまでとは異質な経済成長，つま

り，これまでの経済の成長に比べて，より少ないエネルギー消費で同じレベルの成長を許すかどうかを分析しようとしている。すなわち，この報告書の関心事は経済成長率の要因分析である。

無重力・無摩擦の世界はあるか？

"将来のコンピュータは多分，たった1.5トンに過ぎないであろう[21]。"（Popular Mechanics,1949）

このように，"脱物質化"のテーマは経済において，長年認識され，充分研究されているテーマである。[22] したがって，情報通信技術（IT）と電子商取引が原材料とエネルギー消費を減らすことができると言うアイデアも殊に新しいものではない。[22]

"50年前には想像もつかなかった事であるが，今では理念やアイデアが製品やサービスの生産分野での実体資産とほぼ等価になるであろうと言う認識である。1948年にはラジオは真空管でできていた。今日，トランジスターが真空管に比べ，ひとかけらの容積であるにかかわらずより一層高い価値の伝達ができる。

光ファイバーが，銅線のもつ巨大な重量に置換した。ビルの建設をみると，建築学と設計工学が進歩し，第二次世界大戦直後に建造されたビルに比べて格段に少ない材料で一層広いフロアスペースのビルの建設が可能になった。したがって，現在の経済財の重量は半世紀前に比べ，重量の増加が殆どないに拘わらず，付加価値は3倍以上になった。

この要因は生産工程が機械化され，肉体労働が知的活

動に置換されたことである。原稿作成にワープロが果たした役割は大きい。また，製鉄製鋼所の寿命が世紀を超えるものが少なくない。1948年時点で稼動していた工場プラントでは労働者が鉄板をコイル状に巻くプロセスから，別プロセスへ送る作業においては，肉体筋力が評価された。今日では，これらの仕事はコンピュータープログラムによって，設計・制御された機械設備により連続的に機械処理される。

　このようにみると，100％ではないにせよ，1世紀に1－2回はこのような技術革新が商品とサービスの生産プロセスで発生するものでないかと言える。"（Alan Greenspan，連邦準備制度理事会（FRB）議長，1996年10月[23]）

"限り無く零である質量を対象とするデジタルな世界でのコピーは極めて低コストである。実体価値が情報化され遠慮おきなく普遍的に活用されても不思議ではない。"（Diane Coyle,The Independent 紙の経済欄担当者, Greenspan 氏示唆の展開[24]）

　このことは，非物質化された対象の使用が1人に止まらず，別の人もそれを使えることを意味し，"無限の拡張性"（infinite expansibility）とも呼ばれている（Quah，ロンドン経済大教授[25]）。

　同じことを多くの人が指摘している。"電子商品の生産者は現物商品の生産者と同じ資本・労働・知識を使いながら，その製品はナノ秒（10^{-9}s）で複写され，光速で伝達されるという特徴がある"。（Wired 誌，1994，[26] 同様に，"情報ハイウェーとはとりもなおさず'無重量'の情報が世界中を光速で伝達される社会基盤である"。（Negroponte, MIT Media Lab 教授，"Being Digital（デジタルであると言うこと）"[27]）

なかには，米国経済の減量を実際に計算した者もいた。重量1ポンド当たりのGDP価値は，1977年の3.64ドルから今日の6.52ドルへと79％増加した。実は，米国GDPはこの20年間で70％増加したが，国内総生産の全重量はわずかながらも減少した。米国経済のスリム化を定量的な評価を"単位重量（ポンド）当たりGDPは1977年では3.64ドル/ポンドであったが，1999では6.52ドル/ポンドであり，実に79％増加した"（Chris Meyer，Ernst& Young社，Center for Business Innovation，1999年4月[28]）。一方，この間のGDP成長は70％であったので，GDPに利用された物量は1977年レベルより9％減少したことになる。

また，"営業活動においても，単位売り上げ当たり要した純資産は10年前と比較して20％減少した"米国の企業は一世代前に比べると，1ドルの売り上げを得るために必要な有形資産は今日では20％少なくて済むようになった（Mckinsey，Lowell Bryan社のコンサルタント）。[29]

今後，本報告書で繰り返し述べられるように，インターネットがこの傾向を加速すると考えられる。

ここで"無重量"と呼ぶのはインターネットが取り引き経費を極端に引き下げうることを象徴的に表す概念である。"無重量"コンセプトはインターネットが取引コストを劇的に減らすことができる原理でもある。[30]

この概念は，1999年4月発刊されたMIT・スローン経営校（Sloan School of Management）EC部の発表した"無摩擦商取引"に関する報告に初めて登場した。インターネット時代の競争が，小売店舗の存在地にかかわらず，消費者が十分な価格情報と製品情報を持つかぎり，小売業の利潤は基本的に'零'にならざるをえないと言うほぼ"完全市場"とよばれ

る状態が達成可能であると言う経済学的特性をもつことを指摘している。[31]

　いずれの消費者にとっても，あらゆる製品情報と価格情報を得ることが購入決定の前提条件である。消費者にとって，製品と価格に関する良い情報を得る努力は，重要な取引コストでもある。あらゆる情報を求めて，ひと昔前は図書館や書店，複数の家具屋や自動車販売店に赴いたり，複数のカタログに目を通したりと言ったエネルギー消費を伴う活動が不可避であった。しかるに，オンラインショップの場合，経費のかさむ店舗やその操業を必要とする小売販売が不要になるので，基本的に間接費が縮小し，商品価格が下がり，その結果は消費者にとって有利になる。

　MITの研究によると，通常の安売り量販店商品に比べ，インターネット商品は9－16％（この幅は税金，輸送費，購入費の考慮の有無による。）安価である。インターネットにおける販売競争では多くの側面において，"摩擦損失"がなくなり，合理化されるためと結論づけている。[32]　即ち，インターネット競争では多くの側面で取り引き上の摩擦が少ない。

　供給の流れを全体的に最適化するサプライチェーンマネジメント（Supply Chain Management＝SCM）により，多くの企業が部品調達にインターネットを盛んに活用するようになったことを考えると，企業活動において，その延長線として直接販売と事実上取引処理経費が零に近い取り引きシステムを採用することはさらなる利益確保に役立ち，より一層重要になろう。ジェネラルエレクトリック（GE）社が部品納入業者に提供しているネットワークリンクをもつウェブベース取引処理ネットワーク（Trading Process Network＝TPN）は，電子カタログ，電子発注，クレジットカードによる電子決済

をサポートしている。このシステムによって，調達サイクル期間が半減し，処理時間が1/3に，購入価格を 5 - 50％削減できた。1999年半期時点，GE 社のウェブ取り引きは売り上げ額が年10億ドルを達成した。

ROYAL DUCH/SHELL 社のシナリオ：
　仮に，新技術，新システム，新ライフスタイルによってエネルギー消費効率が向上すると，今後，2060年までのGDP成長を年率３％，世界人口120億人としても，１人当り消費エネルギーは15％増加するに過ぎない。[34] これは単なる技術至上主義者のお伽話ではない。世界最大の石油企業（株）ROYAL DUCH/SHELL社が1990年代の中期に発表したエネルギー予測シナリオであり，今も幅ひろく企業の戦略策定の基準であるとみなされているシナリオである。その理由は，エコノミスト誌が言うように，同社が1973年の原油価格上昇と，1986年の価格下落を事前に分析・予測し成功した唯一の石油企業であったことより，その実績には侮れぬものがあるからである。[35]

　SHELL社はこのシナリオを"脱物質情報化（Dematerialization）"と呼んでいる。これは，情報技術，通信，素材，遺伝子工学の４分野が順々に変化させる社会的価値に応じて，社会がライフスタイルを変化させるに可能性が十分であり，発展を互いに支援し収斂するような開発政策をとることにより，"脱物質情報化"が実現できると言うシナリオである。今後，仮にこのシナリオに現実性があるとすると，20世紀の自動車の発明，それに続いて発生した多様な移動システムの出現に基づく物質文明に引き続き、新たに過渡期の文明に入ると考えられる。

この脱物質情報化シナリオによると，GDPエネルギー原単位は2030年まで年率1.7%低下し，その後2060年まで，年率2%低下するというもので，SHELL社もそのような前例は過去に一時的な例を除いては皆無であることを認めている。しかし，1973年の原油価格の高騰と，1986の下落を予測できた専門機関がROYAL DUCH/SHELL社のみであったことを考えると，実績のある彼等の予測に信憑性があると言えよう。(Economist誌，[36]) 今後ITとインターネット経済がもたらすエネルギー消費原単位の大幅な低下傾向に期待がもてるのである。

COOL COMPANIES社のシナリオ：
　本報告書の目的に沿うとの考えにもとづき，本報告書のシナリオでもGreenspan議長の言う"何か特別の事が米国経済に起こり，それがITとインターネット経済にもとづくものである"とする仮説を採用することにした。仮に，多くの識者が予測するように，"新経済"が実在するとすると，"新エネルギー経済"も実在するに違いない。ここではそれを探索する。すなわち，本報告書の目的は，インターネットのもたらすエネルギー消費に対する影響の大きさが米国のエネルギー原単位を十分変化させる規模のものであるか否かを分析することである。
　より詳細に分析を必要とする基本問題は，
- 基本的な経済活動のうち，標準化でき，無重力・無摩擦であり，脱物質化できるものとして，何がいくつあるか？
- 脱物質化の割合は何%であるか？
- そのとき，企業と消費者の行動様式はどのように変化するか？

● その変化はエネルギー消費にどのように影響するか？

　この分析にあたり，個々のもつ影響の程度に差はあり，順不同であるが考え付くものを拾うと，以下の項目が対象になる：
通勤・通学・買い物・住居より乗用車に至る各種商品の情報収集・銀行取り引きと諸決済・教育・会議・写真・倉庫業務・小売店と商用事務所ビルの建造・印刷（百科事典，カタログ，新聞，電話帖，書籍）・ソフトとCDの制作。

　電子商取引（EC）がエネルギー消費節約に寄与すると言う意味で，現在すでに，あるいは未知のアイデアにより，将来におけるインターネットのもつエネルギー節約・環境保全効果の指標として，"インターネットエネルギー効率"と言うべきものの登場可能性が専門家により指摘されている。例えば，不要な過剰生産の抑制や発注ミスの削減による廃棄物発生抑制や未利用機械設備容量の削減などが期待される。例えば，eBayで有名になっているオンライン競売により，航空機空席，トラックの空荷，製造設備の遊び，製造機械（エネルギー集約性が高い）の多い製鉄/製紙工場の遊び等を需要者に競売することにより稼動率を向上させることができる。

　エネルギー消費に関する近年の動向を整理したのち，本報告はこれらの諸問題と可能性を分析し，現在ならびに将来のエネルギー消費の動向について論ずる。

第2章
対GDPエネルギー消費原単位に影響を与える諸現象

　1970年代以前の原油低価格時代にあっては，多くの民生・輸送・製造部門でのエネルギー消費原単位の低下は殆ど起こらなかった。[37] すなわち，弾性値はほぼ1に固定されており，GDPの3％上昇は3％のエネルギー需要増加を意味した。図1（GDP1ドル当たりのエネルギー消費，1949-98年，米国エネルギー情報管理局（United States Energy Information Agency＝USEIA）[39] に見られるように，対GDPエネルギー消費原単位（エネルギー消費量/GDP($))は1950年より1970年の初期までにごくわずか低下したに過ぎない。このデータを根拠に，ごく最近までエネルギーは経済成長にとって不可欠なものであるとみなされた。すなわち，エネルギー効率の改善により，経済成長を損なうことなくこの前提を破ることが可能であるとの認識は一部を除き持つ者がほとんどいなかった。

　しかし，この前提は1973-74年のアラブ石油輸出国連合の禁輸政策とともに突如終止符を打った。そして，1979-86年の7年間にGDPは35％上昇したにもかかわらず，米国のエネルギー消費は，ほぼ74quads（quadtrillion，エネルギーの単位，$1q=10^{15}$ BTU)/年に固定されたままであった。[38] この間，

米国政府は，自動車燃費向上，家電品効率向上，断熱家屋の設計，家屋温度設定の低下，等々のエネルギー政策に取り組んだ。企業でも，社屋の空調設備を新製品に入れ替え，熱管理を徹底化した。工場においても同様であった。これらはエネルギー価格の上昇を背景に，国レベル，州レベルの政府による省エネルギー政策補助により投資促進されたものである。

原単位向上のうち，これらに基づくエネルギー節約・環境保全効果が2/3以上であり，他の1/3未満はエネルギー集約度の高い産業よりサービス産業への構造転換であった。この成果に至った背景には，単にエネルギー価格の上昇のみならず，政府の政策と施策，省エネルギー技術の開発，さらにはアラブ原油の残存埋蔵量や中東諸国の政治的安定性に対する懸念に由来する政策変化が影響している。例えば，1981年以降エネルギー価格上昇が省エネルギー量の2/3のエネルギー節約効果をもたらした。DOEの試算によると，合衆国はこのエネルギー効率向上の結果，年間1,500億－2,000億ドルの節約を続けている。

1981年以降の米国のエネルギー生産性向上は，経済における今世紀最大の"成功物語"である。米国経済の成長がこの期間のエネルギー生産性に基づくものであることが，原単位の低下傾向より伺える。1970年においては，約20,000BTU/GDP(1992年/ドル)であったが，1986年には14,000BTU/GDP(1992年/ドル)に低下した。

図2に見られる如く，1973－86年には原単位は平均2％/年（年によっては3％/年）で低下し続けたのである。

一方，1986年よりエネルギー価格は実質低下し始め，今日まで続いている。その結果，政府のエネルギー関連の研究開発向け投資も低下するとともに，エネルギー需要は増大し，

第2章 エネルギー消費原単位に影響を与える諸現象

図1 GDP1ドル当たりのエネルギー消費（1949－1998）

縦軸: 1000 BTU/ドル（1992年換算）
横軸: 年（1949－1997）

図2 GDP1ドル当たりのエネルギー消費：前年比（1949－1998）

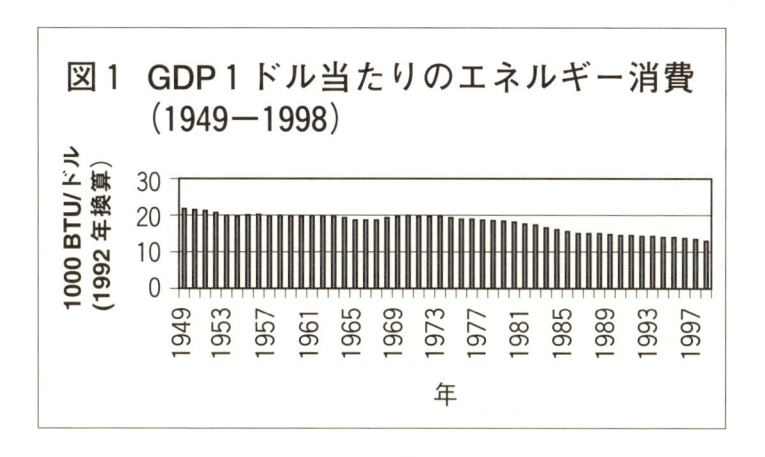

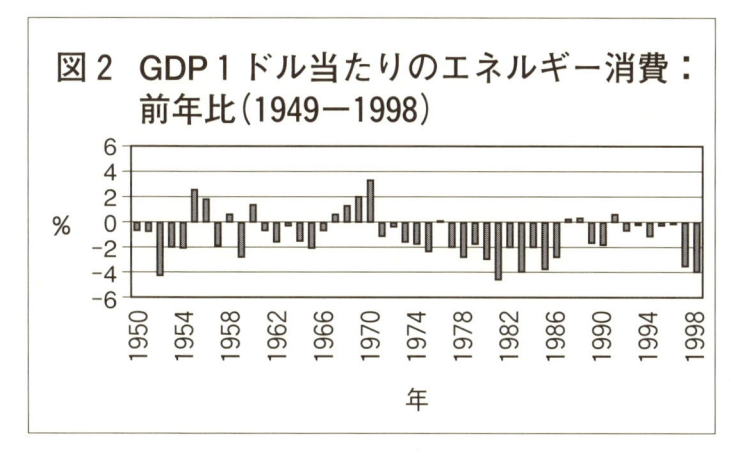

縦軸: %
横軸: 年（1950－1998）

［図1，図2（GDP1ドル当たりのエネルギー消費：前年比，1949-98年，米国エネルギー情報管理局(USEIA)）のデータ[39]は1999年10月に公表された商務省（DOC）による"修正"は考慮されていない。これを考慮すると，1973-86年にあっては，-0.2%，1987年以降にあっては-0.4%下方修正される。[40]］

1986年の74qより1996年の94qへと増大した。GDPも同程度増加し、かっての緊張がゆるみ、原単位の低下もこの10年間は1％/年弱に止まった。

しかるに、米国の公式発表のエネルギー原単位は、1997年に3.4％低下し、1998年に3.9％低下した。これらは、商務省が発表した1999年修正GDPにより修正するといずれもほぼ4％に達していた。[41] エネルギー価格が低水準で推移し、国民のエネルギー問題に対する意識が比較的低かったこの期間において、米国の歴史において未曾有の原単位低下をみたことは特筆に値する。両年間の経済成長が8％（修正GDPでは9％）にも達したにもかかわらず、エネルギー増加は1996年の94qより1％の微増に止まった。このトレンドが継続する保証はないが、最新データの試算によると、1999年でも2％以上の原単位低下が見込まれると同時に、温室効果ガス（Green House Gas＝GHG）排出速度増加も抑制された状況にある。[42] これらのデータをもとに、かくも大きな経済効果を生み出している変化が何であり、それらの変化が持続的ないし成長的なものであるのか否かの分析は真に興味深いテーマである。

米国の環境保護庁（Environmental Protection Agency＝EPA）とアルゴンヌ国立研究所（Argonne National Laboratory＝ANL）による全体像の分析結果によると、近年の原単位低下の要因はその1/3が構造的なものであると結論している。[43] この場合、経済成長は、紙パルプ産業などのエネルギー集約産業にくらべ、コンピュータ生産など非集約産業であるIT生産部門で顕著であることに特徴がある。残りの2/3の向上は、全部門のエネルギー効率の増加にもとづくものである。エネルギー効率増加は二つのカテゴリーに分けることができる。まず、

旧来のエネルギー効率は照明や回転機械などエネルギー設備の様々なエネルギー節約対策に対するものである。第2に，経済そのものの効率向上は，全資源の利用において各要因の生産性を増加させることにより達成できる。これは，エネルギー生産性における利得であり，ITならびにインターネット経済に依存するものなので，"インターネット効率"と呼び得るものである。

　ここで，1997－98年2年間の原単位低下の根拠を分析することは適切ではない。その理由は図2に見られる如く，長期的にみると，年ごとに原単位変動がみられるが，その理由も多様であるからである。

　例えば，気候も大きな要因の一つである。1998年米国では暖冬（天然ガスと灯油の消費が減少する）であり，夏は記録的な猛暑（エアコンの電力を増加させる）であった。暖房用エネルギーの減少は，冷房用電力の増加に比べて格段に大きい。したがって，1998年の原単位3.9％低下のうち，0.7％は気象によるものであると見られる。[44] また，仮に，地球温暖化が起こっているとすると，夏冬ともに気温が高くなるが，これらも原単位に対して有利に働く。1999年9月エネルギー情報局（Energy Information Agency＝EIA）は今後，国立海洋大気局（National Oceanographic and Atmospheric Administration＝NOAA）の提供する30年長期データを分析した結果，温暖化傾向データとして，長期の平均ではなく，温暖化傾向分析を採用する決定を公表した。この方式により，1999年10月より，2000年9月の間温暖化傾向を取り入れ再評価すると，エネルギー消費指標はさらに0.3％減少すると指摘している。（EIA[45]）

　また，1990年代にとられた政府の省エネルギー政策のエネ

ルギー節約・環境保全効果も原単位低下につながった有力な要因の一つである。1990年代中期，官民協力して企業と消費者が容易に採用できるという特徴のある高効率技術開発を目指して様々な施策を数多くスタートさせ，徐々に拡大したことが効を奏した。これらの施策は過去において政府が続けてきた長期の研究開発計画とは異なり，あらかじめ，1990年代後半に明確なエネルギー節約・環境保全効果をもつよう目標にむけてより迅速な成果が発揮されるよう意識的に計画されていた。

さらに，その定量化は困難であるとしても，近年の"貿易赤字"もエネルギー消費原単位の低下に影響した可能性が在る。例えば，製造業者がエネルギー集約度の高い部品を海外発注したとすると，原単位を向上させるような経済の構造的変化を象徴するものと言える。近年発生した鋼材の急激な輸入増加も原単位向上効果の一例である。

しかしながら，エネルギー情報局（EIA）が建設業，製造業と言った部門別のエネルギー消費に関する主要データを収集分析するには今後時間を要するので，詳細な現状分析結果が得られるのは数年を待たねばならない。

いずれにしても，全ての要因を解析することは本報告書の趣旨ではない。ここでの関心事は今日，既に影響力をもち，2010年までに重要な役割を演ずるような幾つかの動向を分析することが目的である。ITとインターネット経済のもたらす影響・エネルギー節約・環境保全効果が我々の注目する主要な動向である。ともあれ，エネルギー消費原単位に影響を及ぼさざるを得ないエネルギー効率と地球温暖化に関する新しい動向について説明する。

旧来定義のエネルギー効率の将来動向

　1987－96年の間，米国経済における原単位低下は各年1％程度弱の改善にとどまったがその要因としてエネルギー価格の低下があることについては上述した。このエネルギー価格の急落はもとより，車の燃費向上要求の緩和，政府の原単位低下政策の緩みなど多様な要因がある。

　しかし，過去15年間，省エネルギー技術は間断無く向上し，その成果は目を見張るものがある。伝統的なエネルギー技術へのITの適用の結果，主要な電力消費項目である照明と回転機械において，顕著な改善がみられた。最近の蛍光灯はインバーターの採用により，ちらつきや電気雑音の発生が消失したのみならず，制御が容易で，部屋全体の明るさも卓上パソコンにより簡単に制御できるようになり，これら全てが生産性向上につながっている。[46] また，コンピュータ制御によるモーターの速度制御の採用は省エネルギー制御性能とプロセス制御性能を同時に向上させ，生産性の向上のみならず，直接費の大幅削減につながっている。[47]　ボイラーや温水加熱器でさえマイコン制御により25％のエネルギー節約がなされた。[48]　これらはビル全体のエネルギー監視用デジタル制御システムにおいても同様である。さらに，デジタル技術によるエネルギー管理制御システム（Energy Management Control System＝EMCA）がビル全体の温熱環境と設備の状態量の計測データが中央制御コンピュータに送られ把握され，ビルのエネルギー性能を最適化するために活用されている。Texas A&M大の専門家によると，テキサス州の20棟以上のビルでの実験

の結果，25％の省エネルギーと，最新の省エネルギー設備により更新を図ったビルの場合，入れ替え設備の18カ月償却が実証された。[49]

　企業によっては企業全体として，これらの技術の採用を基本に据えているところがある。例えばIBM社やJ&J社ではこの方針により，1990年代の10年間に全社の原単位を各4％および3％低下させた。いずれの企業でも事実上このレベルに到達できたのであるが，達成したのは両者に止まった。1998年Fortune誌によると，米国製造業でエネルギー消費を精査している企業は1/3に過ぎなかった。[50]　すなわち，この間エネルギーコストが低水準で推移したために，全企業のうち，2/3ではこの努力が不足した。1980年代半ばにあっては，エネルギーコストが企業の活動の経費に占める割合が低く，企業は勢い，省エネルギー技術の採用を見送った。1990年初頭に始まった分散企業経営の傾向とともに，多くの企業のエネルギー専門職に皺寄せがいき，担当者配置が零査定となった企業も少なくない。

　大企業はもとより，多くのエネルギー集約産業にあっても，省エネルギー投資が行われる場合，単年度を目処にエネルギー節約・環境保全効果が期待されるものに限られた。

　いずれの州においても，政策的に，設備の改良や利用計画の改良により需要サイドで省エネルギー管理を行ういわゆる需要サイド管理（Demand Side Management＝DSM）活動を電力会社再編規制法に含めると言う州政府の規制政策を受けて，電力会社が率先して需用家電気利用効率向上に寄与する動向に大きな期待がかかり，DSMが1990年代初頭に効を奏し始めたが，その後，電力会社のリストラが現実化すると，必要経費は急遽カットされた。DSM経費は1993年27億ドル

であったが，1997年には16億ドルに減少した。[51] DSMは1996年にピークを打った。その規模は売電力の2％，620億kWhに達したが，1997年には560億kWhに，1998年には更なる低下が見込まれた。[52] 多くの州では従来のDSM活動も電力会社の再編成条例に盛りこんでおり，DSM削減傾向は引き続くので，それによる省電力が完全に消失すると言うわけではない。

エネルギー供給企業外依託：

　企業のエネルギー利用を一変させる動向の一つとして，効率向上投資を含め，エネルギー供給を完全に外注する会社が増え始めた。すなわち，あらゆるエネルギー管理の請負事業の外注である。1999年3月，Ocean Spray社は1億ドルの取引をEnron社（ヒューストンに本拠地を置く大手の天然ガスとエネルギー公益事業者）のエネルギーサービス部と契約したことを公表した。Enron社は自己資本を使い，照明，加熱，冷却とモーター性能を改善し，コージェネ発電（電気と蒸気の高効率同時発生）に投資する予定である。Ocean Sprayは自己資本による事無く，エネルギー経費として何百万ドルも節約しつつ，より信頼性の高い電力を確保し，同時に汚染物質を削減できるであろう。1999年9月には，Owens Corning（グラスファイバー断熱材製造業者）も，やはりEnron社との類似の10億ドル取引を発表した。多くのエネルギー供給サービス会社が類似のアプローチをとっている。PG&E（Pacific Gas and Electric）Energy Services社の発表によると，1998年石油企業Ultramar Diamond Shamrock社と結んだ取引契約による精油設備のエネルギー経費削減は今後7年間にわたって4億4000万ドルであると見積っている。節約の大部分がエ

ネルギー効率向上とコージェネ発電に対するPG&E社の資本投資からもたらされるものである。さらに，なかにはSempra Energy Solution社のような意欲のある会社は，顧客の全エネルギーシステムの資金調達・建設・所有を管理するまでのサービスを提供している。例えば，Sempra社は現地の中央プラントを含めた冷暖房施設を対象に，DreamWorks SKG社（エンターテインメント）の新アニメーション施設全構内のエネルギーシステムを対象にこの方式を提供した。DreamWorks社はその仕様書条件通りの環境に対し毎月リース料金を支払う。この融資の取り決めにより，DreamWorks社は映画制作費を節約する一方，投資予算からエネルギーシステムのコストの削除につながった。

　この方式のエネルギー節約・環境保全効果は巨大なものである。Ocean Spray, Owens Corning, Ultramar Diamond Shamrock, DreamWorks各社は1－2年後に利益の出始める高効率エネルギー設備に対して投資をすることになる。すなわち，需要家は回収期間が数年の投資をし，一方彼等が契約したエネルギー会社Enron社，PG&E社，Sempra社は投資回収期間5－7年，時には10年という長期投資をすることになる。その結果，さらに高いエネルギー消費効率の達成が可能になる。つまり，請け負い業者は省エネルギー技術投資を自ら行うことにより，全体のエネルギーコストの削減を行うのである。

　このエネルギー供給外注（アウトソーシング）の動きはまったく新しいものである。投資の危険が大きく，1998年以前には見られなかった。しかし，この取引が今後急成長し，数年後にはDSMを超すエネルギー節約・環境保全効果を生むと考えられる。その理由は，
1）DSMの対象は電力のみで，ただ単に需要家の電気機械

設備の更新のみにより効率向上を目指すに止まっていたが，企業外依託ではあらゆる種類の燃料を含め，全システムを対象とするため，より全体的な効率向上が目指せるようになった。
2）これまでの DSM がかならずしも着目していなかったコージェネの採用により，ほんの2－3年で40％にも及ぶエネルギー消費を削減できるようになった。[53]

　仮に，このような方向のシナリオに現実性があるとすると，エネルギー供給外注方式は2010年までに原単位の向上に無視できぬほど大幅な寄与をすることであろう。

企業レベルの対温暖化の取り組み：

　ここ数年見られる別の新しい動きは，米国大企業が全社的に温室効果ガス（GHG）放出削減努力を開始したことである。これは，1997年12月の京都会議で先進国が2008－12年の間において，1990年のレベルまでの GHG 放出削減に合意し，政治的論調の方向と科学的根拠の充実に変化がみえ始めたことを受けている。しかし，実は，GHG 削減がエネルギーコスト削減にとりもなおさず即つながる事実を重視し始めたためである。

　"企業国家アメリカの主要な都市で，地球温暖化現象とのクールな対決が突然始まった。政治の変化と地球温暖化現象の科学的知見の重要な変化に直面して，一部とは言え米国の最大規模企業が GHG 放出削減を考慮に入れ，排気ガスの実質的削減を達成するためにビジネス慣行を変化させ始めている。それらの多くはこの運動が多様な意味で可能性に富んでいることに気付いている：地球温暖化現象を減らすことはエネルギーコスト節減に繋がる。"

(Wall Street Journal，1999年10月号[54])

　例えば，1999年9月に，DuPont社（合衆国での最大のエネルギー需要家の一つ）は2010年までに1990年レベルの65%のGHG放出削減計画を公表した。その節減の2/3は製造関連プロセス改良による温室効果ガス削減そのものものであり，残りはエネルギー節約を見込んでいる。DuPont社は1999年から2010年までの間，会社の成長条件を崩すことなく，エネルギー消費を抑制し，2010年には10%の再生可能エネルギーを導入することを声明した。同年，Kodak社も2004年までに20%の温室効果ガス放出削減計画を公表した。

　本報告書を刊行する，エネルギーと気候変動解決センター（Center for Energy and Climate Solutions＝CECS）は"気候の救世主"（"Climate Savers"）プログラムの一部として類似の企業声明を引き出すために世界野生生物基金（World Wildlife Fund＝WWF）と共同して，多くの企業に働きかけを始めている。1999年末以降より始まり2000年において，コージェネ発電や再生可能エネルギーのみならず，エネルギー効率を対象に大規模の投資をすることにより，主要企業の多くが温室効果ガス排出削減を約束するものと期待される。(2000年3月1日付worldwildlife.orgサイトに着目のこと。)

　それは，これらの二つの動向（エネルギー管理の外注と企業削減努力）の結合したものであろう。CECSは，事実上Fortune 500のあらゆる企業で，いささかの自己資本も投入する事無く，外注により，エネルギー経費の削減，社内のエネルギー原単位の低下，温室効果ガス放出削減などの達成性を実証するために，主要なエネルギーサービスの会社と協力している。もし地球温暖化現象の懸念が増大し続けたなら，このタイプの取引が日常的となろう。

インターネットにもとづく効率向上

　これらの動きはいずれも将来的に重要なものであるが，1998-99年に関する限り，原単位低下分のごく一部分に過ぎない。原単位低下分の少なくとも1/3が経済の構造転換に基づくものであるとすると，成長が著しい非エネルギー集約部門に注目する必要がある。これは，IT産業すなわち，コンピュータ，半導体，電話設備，ソフト，プログラミング，サービス設備などである。さらに，照明器機もこれに含まれるであろう。

　先に述べたように，1999年6月の商務省の報告では，1997-98年の経済成長8％のうち，これらの産業の寄与が28-29％占めている。EPAによると，今後ともIT産業が続騰すると，そのような変化を必ずしも適切に反映していない経済予測に比べると，必要エネルギー需要が低下するにも拘わらず，米国全体の経済成長が促進される予測となる。[55]　粗い近似ではあるが，IT産業の2桁成長の結果発生した構造変化分を評価すると，"かつて米国の主要な機関の行った2010年時点の予測はエネルギー需要量で5q，CO_2換算で3億トンが過大予測となった。" これらは予測量の約5％にも達するのである。(Skip Laitner，EPAのエコノミスト)

　さらに，EPA分析には，典型的にインターネット経済の定義に含められるべき項目のすべてを含んでいない。即ち，先に述べた如く，1997-98年の2年間について，IT産業製品を活用し，Webサイト，イントラネットとエクストラネットを構築・利用した既存の産業によるインターネット上の売

上が100％含められていない。[56] さらに，IT装置産業が顕著とは言え米国実質成長の中にあって恐らく比較的堅実なシェアに止まる可能性が高いのに対して，その他インターネット経済に関連する売上増加は，ほぼ指数関数的に成長している。

テキサス大（University of Texas）が着手した粗いながら全要因を考慮にいれる分析（緒言参照）によると，IT装置産業とインターネット経済の両者が同時に経済全体に与えている影響は他の産業や部門とは不釣り合いな状態である。エネルギー原単位に対する全インターネット経済の影響が非エネルギー集約産業の成長に影響し，文字通り構造的な経済利得にとどまるものでないことは疑いがない。最近の研究によると，IT装置産業とそれによって生まれたインターネット経済が過去20年以上の成長に比べ，より高い生産性成長のレベルが維持可能であると言ういわゆる"新しい経済"を創造している可能性を示唆している。

　"ベトナム戦争後，生産性が極端に低下した1973-95年の間，非農業の個人企業では生産性が平均1％で上昇した。その後，1995-98年までは1.9％上昇し，1998年中期よりの1年間をみると，4半期ごと2.9％上昇した。これは，1950-60年代の上昇率を凌ぐものであった。この加速度的成長は前例の無い企業成長につながるものである。かりに，その生産性の持続が部分的である場合でも米国経済全体に及ぼす影響は計り知れないものがある。"（Macroeconomic Advisers LLC社，有名なコンサルティング会社，1999年9月の報告書, Productivity and Potential GDP in the"New"US Economy（"新しい"合衆国経済における生産性と潜在的GDP[57]）

1999年春，Macroeconomic Advisers社が第二次世界大戦後

の全期間を通して経済成長を統一的に記述可能な一義的計量経済分析手法により近年の出来事を解りやすく分析することに成功した。最大潜在生産性（資本と労働の持続的利用率に見合う生産性レベル）2.9％成長の内訳を説明している。それによると，それまでの0.4％平均を越す1994年以来の潜在生産性成長率増加分2.5％のうち0.9％は対応する技術進歩の成長に起因し，他の１％は資本深化に起因する，しかし，残余の0.6％の根拠は不明である。

"資本深化"とはなにか？ 1999年６月の連邦準備制度理事会（FRB）議長 Greenspan 氏が下院において説明をしている。

"オンラインで情報が利用可能になり，不必要となった予備在庫や労働力余剰確保の排除が可能になった。また，個人顧客の希望に合わせた製品仕様に詳細にマッチするデータを複数の企業が共有するようになった。これをもって実質的な資本増加であるとみなすことができる。

例えば，1995年以後，非農業系企業労働者の時間生産性は２％/年で上昇した。その約1/3は投入成長を上回る産出成長にもとづくものである。

最新技術導入の結果，製品化時間が短縮されたために，企業の将来需要予測がより明確となり，従来，製品化時間の保険とみられた資本金保留割合は減少しつつある。それのみならず，原材料の選択や生産工程選択の柔軟性が増加し，顧客の示す製品仕様や製品構成の変更要求に柔軟に対処できるようになった。この柔軟性のお陰で，企業は刻々と変化する市場条件に対し，従来にくらべより少ない固定費の範囲でよりエネルギー節約・環境保全に対処できるようになった。

総轄すると，最新技術導入は遊休資本を削減し，資本の柔軟性を増加させることにより，資源節約され，全体として高レベルの生産性に寄与した。新技術と製品化時間短縮は資本投資をより有利なものとし，資本を労働力や他の資源に代替でき，10－20年前にくらべ格段に高い生産性を達成させることが可能になった。最近，経済学者がよく言うように，1995年より資本の持つ意味が深化を遂げたのである。これを"深化資本（deep capital）"と呼ぶ。投資の増加の結果，経費が抑制されたのみならず，各工場の産出上昇分をこえて全産業の生産が上昇したのである。"（Alan Greenspan，連邦準備制度理事会議長，1999年6月[58]）

　このような"資本深化"の結果，過去の経済成長が必要とした追加資源を必要としなくなった。このことは成長基調にあることを示している。最高執行責任者（Chief Executive Officer＝CEO）449人の調査によると，今日，最も成長しつつあるアメリカの企業はより少ない資本にもとづく企業活動に積極的であり，その流れでさしあたり1年後の資金生産性を向上させることに専念する姿勢をとっている。（Price-waterhouse Coopers社，1999年9月[59]）すなわち，基本戦略として電子商取引の活用を中心に据えている。以下の各節で，インターネット経済がリードタイムを短縮し，予測精度を向上させ，在庫を縮小し，稼働率を向上させており，この基調が2010年まで堅調であると見られる理由について解説する。

　"資本深化"がここしばらく継続する可能性が高く，生産性成長も次の10年間高レベル持続するであろう。（Macro-economic Advisers社）それでもなお，もし合衆国経済の全生産性が際立って増加しているものなら，合衆国経済のエネ

ルギー生産性も又際立って増加しない筈はない。もしインターネットがそれ自身エネルギーの巨大需要家であるのなら，この利得も蝕まれるはずである。しかし，その可能性は小さいと考えられる（以下に詳述）。もしインターネットが，特定のセクターによるエネルギー消費増大に繋がる新しい行動パターンを促進させるものなら，それもまたマイナスであり，侵食要因である。しかしながら，以下，我々はインターネット経済が平均の生産性以上にエネルギー生産性を拡大することを説明する。そこで，"脱物質化"を促進する能力のようなインターネットの属性に注目する。また，エネルギー管理の外注の広範囲な採用が進み，また企業規模の温室効果ガス放出抑制と伝統的なエネルギー効率のあらゆる向上行動が，さらなるエネルギー原単位の向上に拍車をかけることになるものであることが分かるであろう。

インターネット技術自体のエネルギー消費

　かつて，インターネット経済はそれを動かすに必要なコンピュータ並びに周辺器機の消費電力が膨大なものであり，インターネット自体が主要なエネルギー需要家となったとの報道があった。（Forbes誌，1999年5月号[60]）しかし，その後エネルギー経済分析者による分析の結果，Forbes誌の著者達が主要器機の必要電力を過大評価していたとの結論に達している。[61]）

　ローレンスバークレイ国立研究所（Lawrence Berkeley National Laboratory＝LBNL）の調査では主要設備について，Forbes論文に使われた数値が約8倍過大評価となっているとしてい

る。[62] そのため，需用家，プロバイダー，中央電話局，国際インターネットならびに，地域インターネットのルーター，商用・自宅用のパソコンの所用電力すべてが過大評価となってしまった。

例えば，周辺装置を含め，普通のパソコンの所要電力は平均150W程度であり，電気節約モードでは50W位であるところ，Forbes論文では1kWと評価していた。ノート型パソコンは近年最も普及が著しいが，新型のものでは所要電力30W以下である。そして，市場の堅調な需要に支えられて，携帯型パソコンの開発進歩・普及が堅調である。[63] 例えば，Intel社の即時利用可能パソコン（Instantly Available Personal Computer＝IAPC）では，常時インターネット接続が可能であり，最近のパソコンに必要な自立時間（boot-up time)を短縮している。[64] この場合，常時接続での必要電力は5Wと言う低レベルである。また，平面モニターでは，通常CRモニターの1/4の消費電力である。1997年中ごろに発表されたHarvard大学経営大学院の分析では企業のコンピュータは定期的な補充・交換が避けられない。[65] 新型パソコンは省エネルギー型となっているので，企業のエネルギー消費は必ずしも急増しない。企業によってはPratt ＆ Whitney社のように独自の省エネルギー制御ソフトを活用しているところもある（www.cool-companies.org 参照）。

1987年より1996年にかけてのエネルギー原単位低下が低水準に止まった理由の一つとして，当時の設備の限られた省エネルギー性を補うまでに生産性が上がらなかったためであると考えられている。しかし，インターネットは省エネルギーパソコンのソフトそのものである。それは，"資本の意味を深め"，"脱物質化"に寄与するので，製造業にとっては，企

業規模の原単位を低下させる。すなわち，パソコン利用にインターネットを追加することよりもたらされる膨大な利点にも拘わらず，エネルギー消費の増加は僅かに止まる。インターネットがかくも進展している理由は，それが既存の情報通信技術基盤のすべてを活用できるので，新規投資がほとんど必要としないためである。[66]

　Forbes誌によると，1996-97年の全コンピュータの消費電力は年間全消費電力の1.5％に相当する。一方，この間の年間全電力消費の増加は1.4％弱に止まった。このことは，この間の経済成長年間4％（あるいは，最近の商務省の修正による4.5％）はインターネット以外の電力消費が無視できる程度の増加で成就できたことを意味している。これは，電力原単位の向上が極めて特筆に値するものであったことを意味する。しかし，これが事実であるとは信じられないことなので，この点からも，Forbes誌のデータは過大評価であったと考えられる。増大するパソコンとインターネットが自宅用電力消費の増大につながることは疑いがない。しかし，それは，住居の大型化と家電品の増大と言うこれまでの一般的な傾向の枠内で起こっていることである。とはいえ，多くの人々がインターネット利用時間を伸ばしたとすると，他の時間は何をしており，また内容はどう変化したのであろうか。テレビを見，新聞を読む時間が減り，カタログや電話帳をすべて眺めることがなくなり，自分にとって必要なデーターのみの出力印刷時間となっている。事務所ビルに出勤せずに自宅で仕事をしていたことになる。スーパーマーケット，銀行，商店街で用達に必要な車の運転の必要も無くなった。この傾向がインターネット利用の結果増大すると，エネルギー消費低下につながる。

また，今はまだあまり採用されていないが，既ににふれたように，近い将来インターネットにより省エネルギー利用制御が行われるとみられる。例えば，エネルギー管理計算機システム（Energy Management Computer System＝EMCS）によるコンピュータ制御をインターネットで行うことができる。事実，シンガポールではビルにデジタルEMCSを装備し，インターネット制御により，高効率・低コストで省エネルギー消費を達成している例がある。[67]　電力・ガス会社あるいはサードパーティー（第3セクター）がインターネット活用方式家庭エネルギー管理システムの新規開発を進めている。これにより，家主は自宅のエネルギー消費を制御・向上させる機能を自前にもつか，外部にそれを発注依頼することができる。試用経験では，電気・ガス代が10%減少した。[68]　さらに，多くのECはWebの活用により，省エネルギー家電やシステム情報が容易に入手できるのみならず，コストを下げるためのまとめ買いも可能になっている。ただ，省エネルギー設備が採用され難い原因は償却期間が数年にすぎない場合でも，今はまだ初期投資が大き過ぎることである。

第3章
インターネットと建物施設部門

　米国の場合，エネルギー消費の1/3を建物施設部門が占め，その内商業・業務用施設と個人住宅が各々ほぼその1/2である。しかし，B-TO-C EC において，卸し業が迂回されると，現物の商用倉庫は倉庫 Web サイトに置換できる。金融等の非現物商品にとっても同様である。例えば，銀行が完全に姿を消すこともありうる。B-TO-B EC でも，在庫の大幅削減が予想される。インターネットにより，100％の在宅勤務を含めあらゆる形態での在宅勤務がふえると，自宅部門のエネルギー消費が増加するものの，業務部門のエネルギー消費はそれ以上に低下する可能性が高いので省エネルギーにつながる。

B-TO-C EC

　EC 電子商取引に関する OECD（1999年）レポートによると，物理的な施設を所有し，運用する経費を削減することにより，経済効率を向上させる多くの方法をまとめている。：

電脳（サイバー）店舗と現存店舗を比較すると，前者は，常時開店していること，世界を市場としていること，変動費が小さいことなどの要因で，より少ない維持経費ですむ。また，基本的に1店舗であるので，ECを専業とする業者は複数で重複する倉庫費を削減できると言う特徴がある。[69]

さらに，インターネットにより必要時点供給システムであるジャストインタイム（Just-In-Time＝JIT）方式による在庫管理を促進することにより，さらなる節約が可能である。

クリスマスなどの時期にあっては殊にインターネットが活躍する。いずれの小売業においても，年末の2カ月の売り上げが年間の1/3を占めている（利益率がその比でないことは言うまでもない）。(Craig Schmidt, Merrill Lynch社の不動産担当副社長[70]) 殊に，クリスマス時期，混雑する商店街での買い物は精神的にいらいらするし，購入の仕方も友人や親類あての配達依頼という特殊なケースであることが多い。インターネットはこのような種類の流通にとって適したものであるのみならず，低利益率であるそれ以外の10カ月間は不動産の維持が不用であると言う利点がある。

有名な事例は，インターネット取り引きサイト・アマゾンドットコム（Amazon.com）で人気を博した書籍売買であり，最も良く研究されている。(表1参照)

書籍1冊あたりの店舗消費エネルギーは，インターネット販売では店頭販売の1/16に過ぎないと評価されている。[73] 投資回収期間数年のエネルギー効率向上のシステム投資でも精々30-50%のエネルギー節約であることを考えると，劇的な向上であると言わざるをえない。（ノースウエスタン大 J.L. Kellog経営学大学院[74]）したがって，インターネットが原単位

表1　店舗書籍店とオンライン書籍店の販売活動比較[71]

	現存大型書籍店	オンライン書籍店 (Amazon.com)
書籍数(冊)	175,000	2,500,000
店員当たり売上収入	$100,000	$300,000
年間在庫回転率(回/年)	2 − 3	40 − 60
売上/平方フィート	$250	$2,000
借料/平方フィート[72]	$20	$8
エネルギーコスト/平方フィート	$1.10	$0.56
エネルギーコスト/売上100ドル	$0.44	$0.03

を向上させる強力な武器になりうる可能性を否定しえない。(しかし，書籍を消費者に送付するに要する物流とエネルギーについてはいずれも別途検討を要する。5章に述べる。)

　この16：1の比率は驚くべきものであるが，他にも類似の例が見られる。例えば，ネバダ州Sparksのインターネット古書販売業社長は1999年6月，次のように述べている。書籍を店舗に陳列すると，1カ月1ドルかかるが，Sparksの自分の店では1セントに過ぎない。[75]　ソフトCDのオンライン小売サイトchumbo.comの場合，インターネットではCDソフトの発信と，オンデマンドでの焼付けに要する経費は，1本あたり経費は50セントに過ぎないが，鉄筋コンクリートのビルを抱える小売店の店頭販売では43ドルというデータもある。(Wired誌[76])この場合は物流コストが掛らないためである。

　電子商取引が始まったばかりと言う現状では，オンライン業者が独自の倉庫を持つべきか，既存の仲卸しの倉庫を活用

すべきか，或いは，製造業のそれを利用すべきかいずれも明確ではない。事実，倉庫の新規建設に奔っているオンライン業者も少なくない。[77] しかし，書籍業の仲卸しのなかにはIngram社のように，これに対抗して，インターネット販売の経費を削減するために，新型の製造元直送を請け負う企業もある。製造元直送は既存の卸し売り輸送に比べ，輸送回数が増え，輸送費自体は割高である。しかし，卸し倉庫での再包装・再輸送費がなくなるので，この比較は逆転する。[78] B-TO-B ECにあっては，仲卸倉庫を100％削除したホームセンターHome Depot社の例もある。電子商取引・インターネットでは小売業を完全に不要にできるのである。1999年4月までの6カ月間，アメリカの家庭で購入されたパソコンの30％はメーカー直販システムにより購入された。(New York Times, 99年10月[79])

小売業のみならず，ほとんどのサービス部門でも電子商取引の影響が避けられない。例えば，ホテル業の場合，ホテルの空室利用を最大化すると言う目的にとって，インターネットは最強のツールである。方法としては協調整理による個別配室，競売，E-mailによる直接販売，価格最適化法などがあるが，そのいずれであっても収容顧客数が増大する結果，無駄が減少し利益は増加する。(Tad Smith, Starwood Hotels & Resorts（Sheraton and Westin Hotels）の上級副社長[80])

次に，現状は多店舗型営業の代表企業である銀行と郵便局の場合についてみてみよう。

オンライン銀行取引：
銀行業務はもとより，株の売買，保険加入，金融情報の提供の分野でインターネットが著しい影響を与える事は間違な

い。次表に見られるように，請求書発行と関連決済のみでも，ペーパーレス化により，190億－460億ドル/年の節約性がある。（1998米国商務省の報告 表2参照[81]）

表2 請求支払いのオンライン処理で数10億$が節約できる
（請求書1枚の処理費用）

経費	直接	オンライン
請求書発行者	$1.65－$2.70	$0.60－$1.00
顧客	$0.42	$0
銀行	$0.15－$0.20	$0.05－$0.10
年間経費*	$380億－$570億	$110億－$180億

可能節約額：$190億－$460億

*全米国年間経費は処理経費に年間170億チェック数を乗じて算出した。

1998年米国では660万戸の個人宅でオンライン銀行が利用された。この数は2003年には3,200万戸に増えるであろうと予想されている。（IDC（International Data Corporation）社の調査報告[82]）

消費者にとってオンライン銀行のもつメリットは，24時間，常時，容易にアクセスできること，最新情報の入手が可能であること，容易に口座の収支が分ることなどである。銀行側もまた，オンラインの顧客には特別の高利子が提供でき，新しい商品提供後即座に実時間購入が期待され，個人客に対する迅速な個別販売活動ができるといったメリットがある。顧

客が銀行支店という高経費経路よりインターネットと言う低経費経路に移動するに従い処理業務あたりの経費節減は顕著なものになると予想されている。[83]

　OECDレポートの実情報告は興味深い。フィンランドの銀行の多くが電子決済を率先して実践していることが知られている。一例として同国の銀行をみると，OECD地域における金融サービスの将来を占うことができよう。1994-96年の2年間，同国の銀行では54%/年の生産性（業務処理数/行員）増加があったにも拘わらず，3.5%/年の行員数減少があり，この期間に行員数が2/3に減少した。[84]

　OECDレポートによると，米国銀行の支店閉鎖も同程度になるであろうと予測している。無店舗銀行の利点がオンライン銀行により誇大に広告掲載されだした。1999年8月のWall Street Journalに掲載された，"あなたがたの預入れをあてにして，豪華な支店の出店も考えました。しかし，それを諦めて節約できた経費分を支払い利率の引き上げに廻すことにしました。何かご異存は？"　と言う広告である。[85]

郵便配達：
　1998年の推計によると，1990年代末期，B-TO-B ECによる書留便の1/3はe-メールに置き換えられた。(1998年郵便局長Marvin Ruuyan[86]) 今後2008年までに，現在の書留便に較べると電子情報化の弱点である漏洩防止対策は，基本システム，安全性，社会的受容性などの側面より解決されるであろうと考えられている。(1998年4月[87]) コスト削減と利便性のメリットにより，電子決済が増加すると考えられる。[88]　これらの分野でインターネット活用によるe-メール・電子決済利用が増加すると郵便業務の脅威となろう。

第3章　インターネットと建物施設部門

　ECの増加を受けて，書留便は今後2003年まで減少するであろう。その結果，郵便局収入620億ドル/年のうち，170億ドル/年の縮小が懸念されるとされる。(William Henderson, 郵便局長，下院での証言，1999年10月[89]) 米国会計監査院 (General Accounting Office＝GAO) の報告によると，郵便量は1990年代にも増加したが率は減少している。別のGAO報告によると，書留便は2002年にピークを打ち，以後2008年まで2.5％/年で減少すると予想されている。また，普通郵便にあってはインターネットの社会への浸透に従い需要が急速に下落するとみられる。[90]　このように郵便局業務が縮小する結果，米国38,000局のうち，閉鎖に追い込まれる局の出現，窓口時間の削減が予想される。[91]

　さらに，オンライン販売が増加すると，次節に述べる"脱物質化"が進行し，今日，郵便配達の主要業務となっているカタログ配達が減少するであろう。(Merrill Lynch[92]) 広告もオンライン化し，ダイレクトメール (DM) もカタログほどではないにしても，徐々に減少するであろう。2004年までの5年間に，米国の広告消費の10％に相当する総額270億ドルが既存のメディアよりインターネットに移動するであろう。DMの減少により，2004年までに，収入の18％が失われると予測されている。(Forrester Research社[93]) 購入雑誌や挨拶状の配達も減少するであろう。1999年9月オンライン市場調査によると，インターネット利用消費者の13％がカードの購入・送付をインターネットで行うことを考えている。(Greenfield Online[94])

　郵便業務が変化して，倉庫センターや荷物集約センターの機能が果たせれば，一つの宛先に何台というトラックが来る不都合を防げるかも知れない。しかし，既存のUPS (United

Parcel Service) 社や新規参入業者との厳しい競争が迫られることになろう。米国郵便局が長期のインターネット戦略の策定に失敗するとなると，それが4万に及ぶ支局と20万台の乗用車両を抱えていることを考慮してもエネルギー消費に及ぼす影響の甚大さは自明である。[95]

インターネット商取引のもたらす影響：
　B-TO-C EC における小売業態は小売店舗利用を大幅に変化させるだろうか？　この問にイエスと考える専門家が少なくない。あらゆる分野に及ぶ小売業売り上げ総量の平均5％がインターネット販売であるに過ぎないが，米国においては殊に，店頭小売業者に対する圧力になっている。

　　米国の場合，貨幣価値条件を調整した比較でも他の先進国に比べ，人口当り小売店舗面積が大きい。すなわち，米国では現在過剰商店状態にある。米国では土地利用に余裕がある。したがって，店舗は大型化し易い。オンラインショッピングが増加し，安定推移すると，同業者間の競争が激化し，中には閉店を余儀なくされるところも出てくるであろう。(John Quelch, ロンドン経営専門学校 (London School of Business)校長HBR(Harvard Business Review)，1999年夏号[96])

　インターネットは人間活動を"分散・非中心化"させる。しかるに，不動産の価値は人間活動を"集中・中心化"すると言う経済的要請により決定される。したがって，インターネットにより店頭販売の売り上げが減少すると，小売店舗の不動産価値は下落することになる。(Merrill Lynch報告書"Internet's Potential Impact on Retail Real Estate（小売店舗不動産に対するインターネットの潜在的影響)"，1999年3月[97])　し

かし，インターネット売り上げの40％はカタログ直販よりの転換であるので，下落のスピードは存外極端ではない。

現在，インターネット関連会社に対する投資意欲は膨大で，小売店舗不動産投資信託（REIT:Retail Real Estate Investment Trust）では資金供給が難しくなってきている。したがって，インターネット計画を持たない不動産会社は相手にされない状況である。（Craig Schmidt[98]）

最近その傾向を増しているソフトのインターネット販売・配送分野に対してはなお影響が大きい。（MITレポート"Frictionless Commerce（摩擦の無い商取引）"，1999年）

ソフト市場をみると，疑いもなく，消費者が流通を変化させている。1998年2月データを採り始めた段階では，通常の在庫のみより広範囲の選別ソフトを販売する小売店を見つけられなかった。事実1998年1月でインターネット配送の存在に勝てないとの判断で業界として販売を中止している。このことを知らないため，ソフト購入の為に店頭に赴きながら期待はずれをみるものが少なくないと思われる。（Chris Stevens, Aberdeen Group[99]）

書店：

近年，書籍市場は殆ど成長していない。過去5年に及ぶ書籍産業の統計見通しにもとづく調査結果ではインフレ分を補う程度の成長となっている。今後も有意な書籍数売上は見込めない。当初，オンラインセールは微増とみられていたが，今ではECの影響で店頭書籍の占有率低下を招いている。（経営学教授Albert Greco, Fordham University, Wired誌[100]）

同様に店舗書店の中には，インターネットとの競合で売り上げを低下させている書店や，撤退した書店もある。当初書

物のオンライン販売の増加は緩やかなものと思われた。しかし，業界のデータをみると，この傾向が持続するのみならず，今後，電子書籍出版が成功すれば，その方向は加速するであろうと見られる。(Danielle Fox, J.P Morgan の小売書籍アナリスト，Fortune 誌6月号[101])

Amazon.com の書籍販売がすでに影響を現わしている。アナリスト達の予測によると，Barns and Noble 社が去年50店出店し，そして今年新たに55店を加える予定であった。にもかかわらず，1998年の出店は37店舗に止まり，1999年にもう30店舗が予定されるに止まった。(Fortune 誌[102])

従来の書籍小売業者の一部が書籍販売売上減少はインターネット競合のせいであるとし，他のものも倒産の理由としてインターネットを特定した。[103] モールに出店している小さな書店数は縮小し始めている。(Craig Schmidt) 例えば，Waldenbooks は拡大計画を縮小している。もし電子書籍が一部の主張通り成功するものなら，この傾向は今後10年間持続するのみならず加速すらする可能性が高い（次節参照）。ここ数年内に，旧い小売業を営む業界の幾つかが融資危機に見舞われる。[104] その理由は，5％の売上げ減が20％利益減につながり，逆に，10％の売上増が40％の利益増に繋がるからである。(Pricewaterhouse Coopers 社[105]) ほとんどあらゆる小売り商品カテゴリーで，現在のところインターネット小売り販売の割合は比較的小さい。1998年の段階では，殆どのインターネット販売の成長は他の販売形態に比べ，急速な伸びであったが，売り上げ量自体は当時0.5％増に過ぎなかった。しかし，最新予測によると，2004年にはインターネット販売は全小売額の7％の1850億ドルとみられている。(Forrester Research 社[106]) これは1999年より5年間に見込

第3章　インターネットと建物施設部門

まれる売り上げ増加総額の1/4に達し，部門によってはその割合はさらに大きい。これは，"床面積縮小時間表"とでも言ったデータにより推移が読み取れる。それらはすでに，1999年の書籍，音楽，パソコンに始まり，2000年の家電と玩具，2001年の薬品，食料品，文具，2002年のスポーツ用品，ビデオ，ペット用品と続いていくと考えられる。(Mark Borsuk, Real Estate Transformation Group 社[107])

現在，未確定である大問題はインターネットがアメリカ人の大部分の購入行動を根本的に変えざるをえないような一定の諸行動を維持し続けられるかと言うことである。すなわち，一体，人々がモールに行く回数が減るかと言う疑問である。結局，人々がショッピングモールに行く動機はなにか？　ショッピングモールの成功の理由はなにか？　と言う設問である。すなわち，全ゆる買い物のために，複数の場所に行かねばならぬのは面倒であるとの消費者思考にモールが理解を示すかと言うことにかかっている。(Ragner Nilsson, ヨーロッパ最大のチェーン百貨店広報担当主任[108])

インターネットで多くの人が銀行の用達しができ，多様な店頭で買い物ができ，複数の店間の価格比較ができ，食料品購入ができると言ったことが実現すると何が変わるであろうか？　このように考えると，事実，モールでの買い物は多くの人々にとって理想にはほど遠いものである。ことに，小売業が全期間の利益を狙う休日の混雑時間帯はなおさらである。この点がエネルギー集約性の強い個人の移動に大きく影響をするので次節であらためて詳説する。不動産業に対する影響について，約30のモールのひしめくシカゴを例に挙げると，そのうち，6－8のモールはインターネット販売により，時代遅れと言うことで閉店になり，他のモール間でも企業合同

が起こり，モール数が減るであろうと考えられる。(Schmidt)

それでは結論として何が言えるのか？ OECD（1999年）レポートが，ECが既存の卸し・小売商取り引きに置換される条件下のB-TO-C EC取り引きを前提に，経済全体の効率増加に関し初歩的な粗い予測を行っている。

産業連関分析の結果によると，ECの影響として，卸し・小売活動全体で消費者支出を25％減少すると，規模の大きい店舗の固定費（施設，不動産，電気・機械）は50％減少し，小売，及び卸の売り上げの12.5％が減少する。卸並びに小売分野では，規模が小さければ小さいほど，労働と資本の利用がより少なくなり，固定費で30％減少し，取引額では7.5％減少する。コストが部分的に平衡するとの仮定では，米国での全体の流通コスト削減は5.2％，米国経済全体の経費削減は0.7％に達すると見積もられた。これらは小さなものであるが，それが生産性（全体の生産性）の向上にほぼ対応する事を考えると無視出来ない。[109]

コスト削減が施設・設備といったエネルギー集約分野で発生していることを考えると，B-TO-C ECによる米国経済全体のコスト削減の0.7％がそのままエネルギーコストの削減に対応すると考えて差支えなかろう。これは，エネルギーコスト40億－50億ドルの節約に対応し，商業地域の建物部門と製造（建設）部門で発生する。[110] 小売店舗の12.5％の削減のみでも，約15億平方フィートの商用建物空間が不要になったことを意味する。[111] しかも，別途，電気ガス設備や建物維持コストの削減が50－90％あることよりすると，0.7％は過小評価である可能性があるとみられる。いずれにせよ，インターネットによる0.7％のネットエネルギー効率向上"はそ

の実現が信じられないほど巨大である。かりに，それが7年で実現されるとすると，原単位低下は0.1%/年に相当する。さらにB-TO-B ECにあってはより大きなエネルギー節約・環境保全効果が期待され，B-TO-C ECに比べ5倍程度はシェアが大きいことを考えると，上記数字のみの評価は控えめであるとみて差し支えない。

　OECD報告によると，企業間電子商取引（B-TO-B EC）のコスト節約が重要で，企業間取引の部分が全体的により大きい割合を占めるので企業消費者間電子商取引（B-TO-C EC）のシナリオに基づいた上記の見積もりは過小評価になる。少なくともB-TO-C ECの5倍の規模があるとみられている。そこで，次に，エネルギー原単位にはるかに大きい影響を与える可能性が高い企業間取引の部分を調べることにする。

B-TO-B EC：

　米国では2003年におけるB-TO-B ECが1兆ドルに達するとの予測がある。他の電子商取引の分野と同様，この数字は確定的なものでは無い。事実，1997年の数字さえ市場調査企業間で5倍の違いがある。多くのアナリストによる2001年の予測範囲は880億－4990億ドルである。しかし，数字の不確定性はともかく，B-TO-C ECに比べて大きく，急速に伸びていることは事実である。[112]

　エネルギー消費への影響は製造業における原単位の減少である。要因はビル建設需要の減少，設備空き容量の削減，電子用紙化である。しかし，企業がインターネットにより，サプライチェーンマネジメント（SCM）をすすめることにより，倉庫在庫が削減されると，顕著な節約が発生する。物流倉庫費が米国消費支出額の10%に及ぶことを考えるとこの節

約は無視出来ない。[113]

例えば，Home Depo 社では，あらゆるサプライチェーンにITとWebを活用して倉庫利用を削減している。

"アトランタのビル什器販売会社は85％の商品（国産品の殆どすべて）を生産会社より直接店頭に向け配送手配するので製品が倉庫に眠ることはない。各店舗が流通センターとみなされている。(Ron Griff,最高戦略責任者 (Chief Information Officer＝CIO)，Home Depo 社)

Home Depo 社は4400万ドル/年の売り上げで，5.5回/年の商品回転率である。トラックは常に満載状況であり，これも費用対効果を上げている。" (Informationweek[114])

OECD（1999年）レポートによると，B-TO-B EC がより浸透するに従い，サプライチェーンマネージメントの余裕がなくなり，在庫量と同関連費が多大の影響を受ける。例えば，Ford Motor 社は全世界に12万台のワークステーションを置き，イントラ・インターネットで事務所と工場を結んでいる。情報の共有化の結果，新型モデルのフル生産開始までの製品市場化所要期間（リードタイム）が3年より2年に短縮されたという。1996年時点では Mustang を工場より販売店納入までに7週間かかったが，1998年には2週間に短縮された。同社の目標は将来乗用車とトラックの殆どすべてをオンデマンド製造とし，受注後2週間以内に納入することである。これが実現すると，在庫と固定費が縮小し10億ドル規模の節約になるとみられる。[115]

この傾向は商品価格比較が容易な購入活動の一環として自動車購入ができるインターネットサイトに益々人気が出ていることと軌を一にしている（第5章）。すなわち，自動車販売店としては小規模のものがごく少数あれば済むと言うこと

になる。

　1990年のなかば，自動車業界自動制御グループ（Automotive Industry Automation Group＝AIAG）が製造組み立て試験（Manufacturing Assembly Pilot＝MAP）プログラムのテストを行った。MAPは自動車メーカーと部品納入企業（サプライヤー）を対象に電子データ交換（Electronic Data Interchage＝EDI）とECを一体化するものである。[116] テストの結果，製品化所要時間では58%短縮，在庫量では24%減少，不良品発生率では75%削減のデーターがえられた。結論として，全産業でEC技術を活用し，多重のサプライチェーン情報伝達を質的に向上させることにより，自動車産業に10億ドル/年の節約をもたらすことが分かった。

　米国トヨタ社は1999年8月，新しい次世代JITを採用して顧客よりの発注後5日以内に製造完了するシステムの発表をした。[117] 同社では，すでに，ライン実稼動予定2週間前までに仮想製造ラインを新規開発する先端制御コンピュータシステムを採用している。このシステムではどの部品が何時，ラインの何処で，何個必要になるかを予測し，結果が出力されるやいなや同時に300社におよぶ部品納入者に発注をかける。システム採用前に比べ，工場内製品在庫が28%減り，プラント内部品在庫が37%減り，製造スペースに余裕が生じた。

　在庫量を削減する目的に対しインターネットの持っている能力は強力であるので，在庫スペースを不要にすることにより派生するエネルギー節約もまた然りである。OECD（1999年）レポートによると，

　　　"在庫コストを削減する基本的要素として需要をより正確に予想する能力強化がある。ECの売り手は顧客に自由な選択肢を準備させてから受注するので顧客の選好

に関する貴重な情報を入手できる。売り手は需要予測の能力を向上させる必要がある。例えばパソコンの場合，これまでの店頭販売では，有り合わせのパソコンが余分の機能を持つものであったり，必要な機能を欠くものであっても，店員は顧客の真の好みを知らないままであった。それに対し，別誂え (Built-to-order＝BTO) パソコンを提供するECの売り手は消費者の好みを正確に把握して，柔軟性のある生産ラインに合わせる。そして，ECを含めたサプライチェーンにより，情報を協同参加企業に知らせることにより，経費を節約し価格も下げることができる。"[118]

需要予測と商品補充の質的向上を目標とする企業協同を予測補充協同計画 (Collaborative Planning Forecasting Replenishment＝CPFR) と呼ぶが, Ernst & Young社の推定では, "CPFRの採用により，経済全体での在庫削減は2,500億－3,500億ドルに達し，サプライチェーン全体では完成部材品在庫の25－35％削減に達する" とのことである。IBMのECソリューションシステムにより, Robinson Brick社のように50％の在庫削減が可能になった企業もある。[119]

Federal Express (FDX) 社の目標は先端的なものである。関連企業の倉庫の完全不要を目指している。[120] たとえば, FDXがCisco Systems社と協同して進めていることは以下の通りである：

"FDXでは今後2001年までの間にCisco Systems社のあらゆる出荷をシステム化し，その後3年間にCisco社の全倉庫を不要化する計画を始動させる予定である。

Cisco社では米国国内，メキシコ，スコットランド，台湾，マレーシアの工場より，全世界の顧客が必要とす

る数十に及ぶ部材完成品を調達する。従来，各工場の近傍に倉庫を配置し，必要な出荷が顧客に向け一斉発送がなされていた。

　しかし，Cisco 社の社業は急成長し，その収入は1999年までの3年間で，年間40%増加した。一方，同社は再出荷費用を必要とし，売上額，数千億規模の在庫の輸送開始を待つという論理は不合理であるとの理由で倉庫建設を見合わせることとした。さらに，製品製造を急遽追加したり，削除できるような，より高い柔軟性を求めて，最先端物流システムの導入を企画した。

　アイディアのポイントは複数の発注に同時対応する常時輸送プロセス稼動を採用したことである。特定の顧客に向けて，数百個の完成部材の箱が各製造所より製造終了と同時に出荷される。それらは同日に数時間内の遅れ範囲で顧客の戸口に届けられ，其処で即座に組み立てるというものである。この場合中間倉庫利用の必要はなくなる。"

1998年商務省の分析でも，在庫レベルを下げることによって，物流量，倉庫数，関連管理コストの全てが大幅に削減できると結論している。[121]

　その結果，流通倉庫と製造工場における現場倉庫を占めた10億平方フィートに及ぶ空間が不要となる。[122]　以上，結論として，B-TO-B EC では B-TO-C EC の場合同様，建物施設部門において"インターネットエネルギー効率"の大幅な向上が期待されると言える。建物分野以外の製造業におけるエネルギー消費原単位への影響は複雑なテーマである。以下，このテーマについて述べる。

遠隔勤務と商用施設

　自宅を仕事場とする勤労の定義が何であり，また定量化が困難であるものの，今後，労働市場の大きな割合を占めつつ成長すると見られている。[123]　インターネットが生まれ，労働の分散化と外部発注形態が多く採用されるようになり，その傾向がますます加速されつつある。自宅を職場とする傾向が増加し，インターネット利用促進が互いに刺激し合いながら拡大・成長している。(Raymond Boggs, IDC社ホームオフィス市場調査[124])　自宅ベースで世界を相手にするインターネット活用小ビジネスが設立・経営され，オンラインで事務処理されるようになった。

　インターネットの急速な成長が就労の機会を急速に拡大しているが，これには二つの理由がある。

1）インターネットがより多くの情報に，より多くのアクセスを可能にしたのみならず，高速接続のIT技術の利用が可能になり，自宅を職場とする技術基盤が整いつつあること。
2）EC（B-TO-BとB-TO-C）が成長するにしたがい，人々はより多くの仕事でより多くの勤務時間をインターネット上で過ごす場合が多く，事務的な仕事は普通のオフィスでよりも自宅で行うに適する状況が生まれてきた。

　このようなホームオフィス（Home Office）は米国では年間300万の勢いで増加しつつある。そのうち，インターネットパソコンを備えたホームオフィス数は1997年の1,200万より，2002年には3,000万に増加するとみられている。(IDC[125])

遠隔勤務が如何にエネルギーを削減するかについては5章で述べられる。一部の勤務時間のみ自宅で仕事をするかつての"遠隔勤務"の場合，施設エネルギー消費に対するエネルギー節約・環境保全効果は限られている。インターネットではそれにくらべより多くの社員がインターネット遠隔通信通勤をし，殆どの時間を自宅で過ごすという違いがある。更に，自宅に本拠をおく"インターネット企業家"が始める創業企業（ベンチャービジネス）の形態も可能にする。これらは事務所の必要空間面積に大きな影響を及ぼす。事務所施設のエネルギー消費については尚更である。

殊に，この分野で先陣争いをしている企業はAT&T社とIBM社である。

AT&T：

AT&T社では営業部門社員の本拠の事務所空間を削減することとした。[126] 同社では，ニュージャージ州Morristownに世界システム部（Global Systems Division）の第1号共同オフィスを設立した。すなわち，本拠とは別の場所に，別部門として共同オフィスを設け，それを必要とする営業担当は携帯端末パソコンでスペース利用を予約する。共同オフィスでは自分の予約席に可動ファイルを移動させ利用できる。仕事場の面積は1人当り6平方フィートで，同僚2人が単独で又は近接して同時に仕事できるようになっている。このシステムでは，社員は必要なときのみこの事務所に来ればよい。[127] このようにして，会社運営はよりインターネット基盤型となり，ペーパーレス化した。そして事務所面積が削減され，実書類による情報保存の特徴であるかつて見られた紙の散乱がなくなった。

それによるエネルギー節約・環境保全効果は膨大なもので，1998年中期までに事務所面積は4.5万平方フィートより，2.7万平方フィートに減少した。1人当りでは230平方フィートより，120平方フィートに減少した。この計画に必要な投資は210万ドルであったが，46万ドル/年の節約をもたらしつつある。

　同社は，この戦略を会社規模に拡大することをを考えている。彼らの5年計画では，年間約5,000万ドル節約を考えている。AT&Tのオフィス面積は1998年に1人当たり平均300平方フィートであった。AT&T見積りのでは2003年までに，34,000人の従業員の一部（25%）について，仕事場の設定変更を考えている。労働者の2/3は既存のオフィスで，1/3は共同オフィススペースを使う共同オフィス労働者になるだろう。後者は，事実上「バーチャル」であって，既存オフィスの平均平方フィート数の1割程度である。2002年において全体の労働者数はほぼ1998年と変わらないまま，会社はオフィス面積をおよそ3,200万平方フィートから2,100万平方フィートに縮小する予定である。

　この戦略は事務所ビルの大幅なエネルギー節約をももたらした。米国の代表的なビルは20kWh/平方フィートと3.5万BTU/平方フィートの天然ガスを消費する。[129]　しかし，コンピュータと通信器機を装備するAT&Tのような会社の場合，これらの数字がことに電力についてより大きくなるのが普通である。AT&Tはこの戦略により，2003年までの5年間に節約される電力は2億kWh，天然ガスは3,500億BTUに達するとみている。

　しかしながら，インターネットによるエネルギー節約量の定量的評価は極めて困難である。輸送エネルギーが節約され

ることは確かであるが，"インターネット遠隔通勤"が始まったばかりであるので評価に必要な定量的データーが不足している。したがって，具体的な節約計画を策定することも困難である。自宅を事務所にする以上，自宅のエネルギー消費，殊に電力消費が増加することは明らかである。しかし，その定量化はやはり困難である。最近になってやっと，（仮に仕事をしていないとした場合に比べて），インターネット自宅勤務者が消費するエネルギー増加分の詳細な分析をしたレポートが刊行された。[130] さらに，遠隔勤務者の多くは外出しがちで，実はあまり自宅にはいないという実情がある。AT&T社の場合でもニュージャージー州Morristownでは，営業と技術社員の60％は任意の時点をみると，社外で仕事をしているとのことである。[131]

このような条件付であるにもかかわらず，会社事務所のエネルギー節約の方が自宅事務所側の増加量に比べ大きいと評価できそうである。共同オフィスでは500kWh，自宅オフィス1000kWhである。[132] それぞれの共有オフィスの勤労者一人当たり，年間3,500kWh（20kWh/平方フィート*175平方フィート）節約する。一方，ネット勤労者は270平方フィートを節約するので，年に5,400kWh節約する。すなわち，インターネット通勤者1人当りの節約電力は3,000－4,400kWh/年に達する。この分野は，明らかにより厳密な分析と実証研究を要する研究分野である。

最終的に，新規建設が不用になり節約されるエネルギー評価の問題がある。AT&T社に残る余剰事務所面積1,100万平方フィートは別途活用されることになるが，それを新規建設と比較すると，建設に要するエネルギーの方が数倍大きいと言う事実がある。オフィスビルの電子物質化は第4章で論じ

られる。ここでは建物施設建設に消費するエネルギーはその建築によって年間消費エネルギーの数倍であることを指摘しておきたい。

IBM：

　1990年中期に北米の営業拠点とサービスセンター拠点を対象に，積極的な代替勤務地選択計画を開始した。これは顧客に即対応し，経費削減，生産性向上のための第一歩である。目指すところは，社員の移動時間を削減することである。[133]

　これが成功すると，IBM社としては，それに見合う総経費と施設を削除する方針である。

　最近では，事実上IBM社の営業活動は本社より拡散し，過去の本社事務所での仕事の必要はなくなった。12,500人に及ぶ社員がこれを機に退職した。しかし，別途13,000人が携帯用パソコンで仕事をしている。全世界で，約17％のIBM社員が端末を持っており，代替オフィス環境で働く訓練をうけている。

　その結果，1992-97年の5年間，社員移動減少運動により不動産関連の節約が10億ドルに達した。人件費が57億ドルから33億ドルに減少した。実に，47％の節約であった。[134]　世界平均で，1人当り経費は1.6万ドルより1万ドル弱に下がり，対企業収入当たり人件費は8.8％より4.2％に下落した。

　IBM社は在庫管理と製造計画の改善を目的とした独自のイントラ/インターネットの活用により，常時，製造能力容量の稼動率を最大限に活用するとともに，施設投資とその供用経費を削減させている。これらの努力が功を奏し，IBM社は1990年代，殆ど全期に渉り，4％/年でエネルギー消費を低下させると言う驚くべき実績を納めたのである。野心的

な省エネルギー計画とインターネット省エネルギー計画を組み合わせることにより，この前代未聞とも言える最大規模で全エネルギー消費効率を伸ばしつづけることに長年成功したのである。さらに，さしあたりは顕著なエネルギー消費の削減を持続することが可能であると見込んでいる。

　ヨーロッパの企業でもこの戦略を採用している企業が少なくない。[135] 例えば，スエーデンの電信会社Ericsson社は1/4の社員が常時外出しているとのデーターより，社員数の15%少ない事務机を減らした弾力的運営の事務所を設置した。今後AT&T社や，IBM社に後れることなく，多くの企業がこれらの戦略をとるならば，経済全体で，大幅なエネルギー節約が期待できるであろう。

自宅勤務

　自宅自営業の数と具体的な仕事内容とを特定することは困難であるが，自宅勤務スタイルが新しい事務所勤務として，大きな部分を占め成長を続けている。[136] 夥しい数の勤め人が自宅を基地として直接外勤しはじめたので，近隣の生活リズムや町内会行事が変化している。(Washigton Post[137]) この変化はIT技術が高速通信アクセス，廉価なコンピュータと最新の電話技術利用が可能となり，代替オフィスを実現したためである。メリーランド州アナポリス市の町Thomas Point Courtは発展に取り残されたともみえる町であるが，その大邸宅14軒のうち7軒が何がしか自宅自営のオフィスとして機能している。

　イーベイ（eBay）に関するオンライン競売をみるとイン

ターネットが個人ビジネスを如何に変化させたかがよくわかる。(Washigton Post 紙[138]) バージニア州 Leesburgno に住むある婦人は売れ残りソフトをサイト CompUSA などから格安（1個94セント）で仕入れ，商品とする企業を行っている。それらを，まず自宅の地下室とガレージに格納する。次に，インターネットでオークションにかけ，受注し，荷づくりし，買い手に発送する。この間彼女がやるべき仕事はこの他，データベースの更新，小切手の整理，預金伝票の記載，宛名シール印刷，e-メールの送付，帳簿付けのみである。

1999年度，7月までの彼女の売り上げは85,000ドルでこの半分が純利益であった。初期投資は1,100ドルのパソコンであり，主要経費は数千ドル/月の商品ビデオ代のみである。彼女はすでにイーベイ（eBay）より Amazon.com と Yahoo の競売サイトへと対象を拡大させている。

仮に彼女が同様の収入を通常オフィスで得ようとすると，6,000kWh/年以上の電力消費を必要としたとみられるが，自宅営業では1,500kWh/年ですみ，実に正味4,000kWh/年以上の節約につながった。

今日，アメリカには彼女のようなパワーのある売り手約15,000人が，世界最大規模の競売場で，平均2,000ドル/月の取り引きをしている。イーベイ（eBay）社によると，1998年には100万人以下であった登録利用者が，1999年8月には600万人となり，680万ドル/日規模の商品やサービスの所有権交代を行っている。逸品収集や趣味に時間を使うのではなくて，益々多くの人が100％企業家に転換しつつある。すべての"デスクトップパソコンは店舗である（Howard Rheingold 氏，コンピュータとインターネットの啓蒙者)"と言われる所以がここにある。

自宅勤務形態のエネルギー消費への影響

　1996年時点，インターネットと通信の技術進歩の結果，米国企業は30億平方フィートの事務所面積が不要になるとの予測があった。[139] これは600億平方フィートに及ぶ商用関連施設面積の5％に相当する。[140] これを，1997－2007年間でインターネット経済の影響で不必要となる規模に相当するとすると，規模的には間違っていない。

　この間に自宅事務所が100万箇所/年増加するといわれるが[141]，そのうち，1/2のインターネット電子通勤者（自宅勤務社員）が1人あたり150平方フィートを，また，残る1/2のインターネット企業家が各300平方フィートを節約するとすると，2007年までに20億平方フィートの既存事務所面積が不要になる計算である。

　そして，2007年に1年で，前者が3,000kWh/人，後者が4,000kWh/人節約したとすると，全体で350億kWh/年の節約（民生用の1.5％に相当である。）になる。[142]

　これとは別に，B-TO-C EC，B-TO-B EC にもとづく商用事務所面積の減少分の追加が見こまれる。この分としては，15億平方フィートの店舗面積が不要となり，180億kWhの電力と6,700MBTUの天然ガスが節約される。[143] さらに，約10億平方フィートの商用並びに工場倉庫面積が不要となるが，この分のエネルギー節約は少なく，無視できる。[144]

　これらを加算すると，2007年のインターネット節約電力は500億kWhであり，1997－2007年に計画されている民生用売電量（4,000億kWh）の13％に相当する。[145]

表3にインターネットが米国の商用建設部門にもたらすエネルギー節約・環境保全効果予測の一例を挙げる。

**表3 インターネットが米国の商用建物部門にもたらす
エネルギー節約・環境保全効果予測(1997-2007)**[146]

建物タイプ	節約面積 (億 ft²)	節約電力 (億 kWh)	天然ガス節約 (百万 MBTU)	温室効果ガス削減 (百万 t)
小売り店	15	180	67	14
事務所	20+	350	---	21
倉庫	～10	----	---	---
合計	30+	530	67	35

インターネット勤務者と自宅自営業の自宅インターネット購入,銀行取り引きのパソコン電力(減少飽和傾向)を含み,インターネット運用に必要な商用建物エネルギー消費を除く。
(出所:The Internet Economy and Global Warming, the Center for Energy and Climate Solutions, the Global and Technology Foundation)

第4章
インターネットと製造生産部門

　米国エネルギー消費の1/3を製造生産部門が占めている。この節では，インターネット経済が製造業のエネルギー消費に与える影響を分析する。
　ECが製造業部門に多大の潜在的エネルギー節約・環境保全効果を持つ可能性がある。殊に，二つの重要なエネルギー集約産業では，市場における脱物質の電子情報化の競争に曝されるであろう。それらは建設業とパルプ・製紙業である。やや程度は低いがやはりエネルギー集約的産業である印刷業も競争に曝されている。そして，全ての製造業で在庫削減がより有利になる傾向がある。すなわち，精度の高い予測とオンライン競売により，不必要な生産過剰を減少させ，同時に余剰容量利用を促進できる。更には，優れたサプライチェーンを活用して，発注ミスを減少させ，売れ残り廃棄を最小限にできる。これらの大部分は，かつて連邦準備制度理事会議長Greenspan氏が"深化資本"と呼んだものであり，多様な経済的利益に繋がっている。

物質の電子情報化 (E-MATERIALIZATION)

　すでに緒言で述べたごとく，"脱物質化（Dematerialization）"が経済の長期持続傾向の一つである。多くの識者は，インターネットが現実世界の'原子'に対応する情報の最小単位'ビット'への変換と言う"無重力世界"へ向かうトレンドが加速される可能性を強調している。MIT教授Negroponteはこの傾向を"物質の電子情報化"とよんでいる。私たちもここでそれを定義したい。

　脱物質の電子情報化はインターネットがエネルギー原単位と汚染削減に対し，最大級のエネルギー節約・環境保全効果を与える源泉である。なぜなら，地球上で最大のエネルギー集約産業は原鉱の精錬産業や原油の有用必需品への転換産業であって，具体的な製品はプラスチック等化学製品，紙，さらには建設資材（レンガやモルタルなどに代表されるもの）である。また，これら比重量の大きい材料の輸送には多量のエネルギー消費を伴う。かりにビットが原子を純粋に代替し，トラック，列車，および，飛行機ではなく，インターネットによって配送されるとすると，それらに伴うエネルギー節約は無視できない規模となろう。さらに，エネルギー集約産業は広範囲・大多数の有害廃棄物と有毒な汚染化学物質排出に責任があるので，物質の電子情報化に成功すれば，第一義的にそれら汚染の発生を防止できる可能性がある。このようなシステム的アプローチを予防的に採用する方が，時間をかけて事後的に汚染処理をするよりも望ましい。

用紙

　製紙プロセスは，経済活動のうち，エネルギーを最大消費するプロセスの一つである。産業部門に費やされたエネルギー総額で製紙業を上回るものは化学工業と石油精製業のみである。紙消費は，物質の電子情報化（e-materialization）対象として最も可能性の大きなものの一つである。確かに，"コンピュータ革命"の一つとして永年喧伝されたペーパーレスオフィスはいま直ぐにも起こると主張されたにも拘わらず起こらなかった。あの歴史を想起し，再現を創造することは誰しも容易である。実際，標準のオフィス紙の場合，皮肉にも自宅で消費が増加し続けるかもしれない。それにもかかわらず，実はコンピュータがその広範にわたる使用を通して，結果的に生産性向上につながり紙不要の経済形態発生に寄与したように，インターネットも多数の多岐にわたる紙の用途を不必要化する原動力となることが期待される。また，かつてCD-ROMが多くの百科事典購入の衰退を引き起こし注目に値したが，インターネットも，新聞，カタログ，封筒などに対する同様のエネルギー節約・環境保全効果を持っていると位置付けられる。

　もとより，私たちは，"ペーパーレス未来"に100％の期待は出来ないもののGDP（ドル）当たり紙消費が明確に低下する未来が期待できることは間違いない。

　世界戦略コンサルタントのリーダー企業 Boston Consulting Group（BCG）社により発刊された1999年9月報告書'紙と電子メディア'において，インターネットが紙消費に短期的

に及ぼす最近の包括的研究成果が発表された。[148] それは，人類の主要資源"紙"に関し，インターネット経済のエネルギー節約・環境保全効果の見通しををテーマとした始めてのシステムモデルであると言う意味で重要な研究である。BCGの分析結果によると，インターネットなしの場合（紙の全カテゴリーで約3,000万トン）と比較して，2003年までにインターネットが紙の需用を削減（オフィス紙の増加にもかかわらず，270万トン削減）するとの予測である。

エネルギー節約の妥当な評価として，紙1トンの需用が削減されれば，熱量として3,000万BTUが節約される。[149] したがって，BCGシナリオによると，2003年までにインターネットによる紙物質の電子情報化によるエネルギー消費削減は80兆BTUのオーダーと推測される（それは，全産業のエネルギー消費の約0.25%である）。以下に議論するように，かりに，実際の節約がBCGプロジェクトより大きくなり，紙需用とエネルギー消費の減少が2003年後もさらに加速したとしても不思議ではない。いずれにしても，これらのもつエネルギー原単位に対する低下効果は今後10年間増大し続けるであろう。

紙1トンの消費節約で温室効果ガス節約は，新聞紙では3.3トンの二酸化炭素であり，オフィス紙では3.8トンの二酸化炭素であるとされている。[150] BCGの予測によると，2003年に紙の物質の電子情報化（e-materialization）からの温室効果ガス節約は二酸化炭素等価約1,000万トンが見込まれる。[151]

私達はBCG社にそのモデルを2008年までの予測計算を実行するよう依頼した。'インターネットの成長とそのエネルギー節約・環境保全効果'のようなかつて前例がない予測作業は複雑であり，このモデルでも定量的かつ信頼できる長期

予測を期待できない。しかしながら，ここでの分析は結論として，インターネット経済下の成長シナリオでは，定性的ではあるが，2008年における紙の消費の正味減少分は2003年の減少分の2倍（0.16qのエネルギー消費節約と2,000万トンのGHG排出削減に相当）以上であることは間違いないとしている。

エネルギー消費と温室効果ガス排出両者の大幅削減の可能性がある以上，より詳細にわたり，BCG研究を分析する価値がある。BCG研究は，次の六つの影響分析に基づき紙の伝統的用途を電子メディアで代替する可能性を検討した。すなわち，1）インターネットの社会的浸透性，2）年齢との適合性，3）機能向上性，4）高経済性，5）読書習慣，6）感覚的愛着，である。[152] BCG研究は，間接的な効果についても検討した。広告の収入が増え，広告がインターネットに移動すると，既存のメディア形態に間接的に被害をあたえる。すなわち，今後5年間，インターネットがその他のメディアから全米国広告の1割に相当する270億ドルを自動的に吸いあげ，その後もその傾向は止まらないと予測している。(Forrester Research社[153])

新聞：

BCG社の研究のみならず，多くのアナリストにが指摘しているように，日刊紙にのみ掲載する広告主は敗者とならざるをえないとしている。高額の広告掲載固定費と内容維持のための契約報酬金が必要である立場を考慮すると，ほとんどの新聞広告の内容は電子情報に容易に代替される。例えば，オンラインによる個別商品市場が増加して広告収益が減少すると全産業の経済基盤は不安定になる。

新聞の発行部数，広告量，および，人々が購読新聞を読む時間が，既に衰退してきているのでインターネットは新聞業界にとって特に問題になる。BCG予測は，インターネットなしでさえ，最近のトレンドより，新聞用紙需用が100万トン規模減少するとしている。最近の調査結果によると，米国400社の幹部のうち，インターネットがビジネスニュースの不可欠なソースとして浸透するのは時間の問題であり間もないと信じる者は90％以上である。一方，彼等の50％が将来とも既存の日刊新聞から自分のニュースを得る予定であると考えている。

　日刊新聞とオンライン新聞ではコスト構造の違いが明らかである。1998年商務省が述べたように，オンライン新聞は日刊新聞の3大費用（新聞用紙，配送，および，製版・印刷費）を不必要とする。総じて，これらのコストは総費用構造の30－40％を占める。[154]　しかるに，これら全ては，例外無くエネルギー集約的である。オンライン発行もまた顕著な経済効果がある。[155]　時宜を失わず個人向け注文情報を届けることができる電子新聞は"私の毎日（The Daily Me）"と呼ばれることもある（Negroponte[156]）。あらためてBCG社の調査が指摘するまでもなく，既存新聞の電子メディア化に多大の利点があることは言うまでもない。

　その基本は部分的なオンライン化が起こる可能性である。米国新聞の収入の80％が広告収入である。ジャンル別広告収入が全収入の37％を占めるが，それがオンライン化する可能性は大きいと考えられている。[157]　BCG調査の指摘では，電子広告には即時性，検索性，レイアウト性がある。カラー動画を含め，オーディオ・ビジュアルであるので解り易く，消費者の立場よりしてもより優れている。2003年までに15％の

新聞広告欄がオンライン化すると見られる。また、フォレスターリサーチ (Forrester Research) 社では、2003年までに470億ドルの印刷された広告欄収入がオンライン化され、新聞業収入の20％に相当するとみられる。[158]

1999年8月時点で中古車の買い手の1/4がインターネット購入をしている。(J.D.Power and Associates[159])インターネット購入者の1/2がインターネット上で特定の売り手を選択している。オンラインでの中古車サイトが誕生したのはごく最近であるが、既に新聞のジャンル別広告以上に多様な車種を提供している。オンライン情報は柔軟であり、新聞広告が取り残された状況にある。(Chris Denove, J.D.Power and Associates 社コンサルティング部長)

BCG社の予測ではこれら直接・間接的なオンライン化の結果、1996年980万トンの新聞印刷が2003年には740万トンに減るだろうと予測している。この数字は単なる現状の直線外挿予測である860万トンを大幅に下回るものである。すなわち、2003年のアメリカにおける新聞の印刷容量は1997年の15％が過剰になると予測されている。

雑誌：

同じくBCG社の分析によると、雑誌については、少なくとも中期的には電子代替のおそれは少ないと考えられる。これには二つの理由がある。

1) 雑誌広告は新聞のジャンル別の商品・サービス広告と異なり、ブランド志向であること。
2) オンライン新聞にくらべ、オンライン雑誌は消費者にとって魅力に欠けること。すなわち、雑誌の場合は即時性が必ずしも必要ではなく、心理的側面、読書習慣、手触

りといったものがより重要であるためである。

　一方，金融情報のような分野においては電子情報への代替がより早く起こる。出版業のMcGraw-Hill社では1990年以前より，金融情報のデジタルデータの電子配送サービスを開始した。しかし，当初売り上げに占める割合はごく僅かであった。1995年時点でも85％が印刷レポートによる紙データであった，しかし，現在では，金融企業である株式仲買業や銀行業などでは意思決定にあたり，オンラインデータを活用している。1998年までに，全売り上げの50％はオンライン販売であった。McGraw-Hill社の予測では，その他の情報商品も電子配送が可能であり，商品によっては小売り価格の50％に達する印刷・配送経費を縮小させる計画である。[160]

カタログ：

　現在カタログ商品販売はインターネット販売と激しく競合している。既にカタログ購入を経験し，慣れている消費者はオンラインの購入条件を事実上受容している。一般的に，インターネット販売は，コンビニ的利便性・特注性・相互の意思伝達性・即時応答性において従来のカタログ販売より優れている。消費者は時期遅れになったカタログをみて買物計画を立てざるをえないことさえあった。

　小売り店の立場からすると，当初のホームページサイトの立ち上げと運用に大きな投資をしながら，カタログの配送を毎月維持することは，経費が掛り過ぎ重荷である。紙代のみでも経費の10－15％も掛るうえ印刷と発送の経費も無視できない。

　インターネットの登場以前，カタログ用紙の需要は1996年の190万トンから，2003年の260万トンへと増加が予測されて

いた。しかし，いまでは電子情報化の影響で220万トンに止まるとみられている。（BCG 社の分析）しかし，インターネットの登場で，それさえも過小評価である可能性がある。

商品のインターネット販売の急速な伸びの陰で，郵便による商品発注が減少し，影響を受けているとの指摘がある。（Merril Lynch 社報告，1999年3月）すなわち，2003年のインターネットによる商品売り上げ額は，株式売買や旅行などのサービス商品を除いても，1998年の980億ドルから，2003年の1,000億ドルに達するとみられている。そのうち，400億ドルは郵便発注方式からの移行である。郵便発注の売り上げは現在550億－750億ドル/年である。無店舗小売りの将来がどうなるかは，消費者が一度でも郵便発注など，商品の宅配購入をしたことがあるか否かという経験にかかっている。つまり，郵便発注経験者にはインターネット購入に違和感がない。

カタログ小売業者 Land's Ends 社はインターネットビジネスを増やすことにより，経費カットが出来，利潤維持に役立つと考えている。1998年1年でオンライン販売が1,800万ドルから6,100万ドルまで3倍以上になった。この売上高上昇にもかかわらず，全体的にはより高いカタログコストと会社全体の在庫増加によって利益薄となっている。しかし，Web販売がそれらの経費削減とエネルギー節約・環境保全効果的に寄与するものと期待している。（Bloomberg News, 1999年3月[161]）同社は1998年に2億5900万冊のカタログを郵送した。1999年の終わりまでにカタログ販売と1冊あたりカタログページを減らし始める予定である。9月時点で会社のインターネット成功がその戦略を変えつつある。問題は，カタログ顧客をインターネットに動かす時期をいつにすべきかであ

る。"我々は郵便物の経費を減らす必要がある。印刷と配送コストは販売のおよそ17%を占めているが，これらは何とかして削減したい項目である。"(Charlotte LaComb, Land's End 社の投資家担当課長[162])

ウェブ（Web）にのせる商品と価格決定情報とウェブベースの CD-ROM を準備することによって，Cisco 社はカタログ印刷と配布関連経費，ならびに顧客向け宣伝費5000万ドルを節約している（これは後で論ずる Cisco 社の幅広いインターネット戦略による節約のごく一部に過ぎない）。Digital Equipment 社はオンライン上にその販売促進案内を置くことにより，カタログと郵送経費が毎年450万ドル節約されると見積もっている。[163]

オンライン企業の一部は，カタログの排除を環境保全貢献として売り込むに際し，満を持した声明をだしている："我々は高価な小売りの場所を所有していない。我々は何百万というカタログを郵送しない。したがって，我々は木材を浪費しない！・・・そして，我々は環境向けプログラムの一部として，合衆国国有林で植林するために，国有林財団NFF（National Forest Foundation）に我々の利益の1％を寄付する！"(Hardware Street.com, "Virtual Internet Reseller（インターネット仮想再販社）"[164])

"インターネット・アクセスを持っている人がカタログ購入をするであろうか？（Craig Schmidt, Merrill Lynch 社・不動産研究所の副社長[165]）究極的にはインターネットにアクセスする人々のほとんどがカタログユーザーからオンラインユーザーへ100％転向することであろう。2003年には，カタログ印刷が今日より減少する可能性が高いと見られる。もしそうであるとすると，BCG の用紙消費予測調査の見積を超え

て，何十万トンという消費削減を意味するであろう。

電話帳：

　電子電話帳のもつ利点は，即時性，検索性，関連情報追加性などである。広告主には情報収集内容の更新，転居者の不動産売買の援助など，ビジネス機会がえられ，発行業者にも，紙代，印刷代，配付代等の節約ができるというメリットがある。2003年時点で，インターネットにより，必要な電話帳の25%，紙重量にして30万トンが節約されるとみられている。実は，電話帳は毎年，47万トンが廃棄されているのである。[166]

折り込みチラシとダイレクトメール（DM）：

　折り込みチラシとDMには1996年時点で600万トンの紙が使われていた。電子広告は対象が明確な顧客に対し有利であるので，インターネットオンライン化の影響は折り込みチラシよりも，DMについて顕著である。2004年までにDM収入の18%がインターネットオンライン化するとの見通しがある。[167]　その場合の用紙量節約は大きなものとなる。

書籍：

　すでに製本された書籍がCD-ROMのような媒体に置換されていることをみると，今後この傾向が加速されることが予想される。1990年版Encyclopedia Britanicaの80%は，1999年10月，32巻4,400万字の全辞典をサイトで無料閲覧提供に方針を変えた。[168]

　既存の書籍のもつメリットが失われることがないものの，可搬性，読み応えといった点で電子書籍の内容的，技術的な進歩も著しい。コスト比較では既存書籍に比べ割安である。

媒体置換ということとは関係なく，教育関係，テキスト，科学技術関係においては，もともと電子書籍に本質的なメリットがある。事実，科学技術本は1995年時点では8,000万冊の売上であったが，1998年時点では7,400万冊に減少した。これは電子書籍に置換されたためである。[169]

BCG社の分析によると，2003年までに，米国の書籍用用紙の30万トンが不要になるとみられる。

さらに，過去においては書籍店での返本率は30％にも達し，それらは廃棄，あるいは大幅な値引き再販により処理された。インターネットのもつ返品率の低下機能という特徴を生かすことができれば廃棄量を最小にすることができる。老舗書店の一部はインターネットとオンデマンドデジタル印刷向けIT技術システムの採用により，デジタル・オンデマンド印刷・製本販売に入ったところもある。1999年6月，老舗書店Borders社はSprout Inc.社のオンデマンドデジタル印刷IT技術システムを配送センターに導入し，顧客である書籍店とインターネットサイトの消費者を対象に配送サービスを開始すると発表した。このシステムは顧客の発注を受けてから，直近のシステム所在地で印刷製本し，配送するというものである。[170] この文字通り，JITシステムにより，出版社より小売店までの貯蔵・配送費が不要になり，ほとんど需要の無い書物の版の保存が不必要で，書架に置かれない書物の需要が増すとともに，返本リスクも事実上完全になくなった。

出版社も一刻も早い電子情報化を希望している。電子情報化することによって，内容の編集が容易になる。出版社は印刷がなくなるので，印刷経費は‘消滅’することになる。データ格納機能としての書籍が存在する限り，作品が絶版になる事はない。返品に伴う会社の倒産はなくなるであろう。コ

ストを伴う在庫の必要がない。(Albert Greco, Fordham 大学経営学教授, Wired 6 月号[171])

　これらの動向より総じて言えることは，出版社による IT 技術採用により，今後，顕著な紙消費量削減エネルギー節約・環境保全効果が期待される。

オフィス用紙：

　各種オフィス用紙の消費に関しインターネットのもつ効果を明確に分析するすることは極めて難しい。唯一例外的に BCG が指摘するように，調査研究やその他の場面で利用可能情報が増加する一方，書類保存の目的ではなく，好きな時，好きな量印刷するという傾向がある以上，用紙の消費は増加する。しかし，情報選択能力が増大すれば用紙の消費減少に繋がる。BCG 社の調査によると，総じて結論的に言えることは，かりにカット・サイズ用紙が増加しても，出版物用紙全部のオンライン化による節約の比ではないとの結論である。これは，電子新聞，電子カタログなどへのオンライン化が引き金となった紙の減少量はデスクトップ上の電子情報を数回プリンター印刷する場合の紙使用の増加量を上回ることを意味する。

　例えば，自宅でもプリンター付コンピュータの浸透がすすみ，個人の印刷作業が増加した。それは，量的に大規模なオフセット印刷から個人的印刷へのシフトを意味する。或いはまた，メールで全体の内容を受け取るのではなく，オンラインのカタログかイエローページから最も興味がある１，２ページのみをプリントアウトすることもできる。

　オフィス用紙に関する使用量予測は特に難しい。オフィス用紙のうち，最大の使用割合を占めるカット・サイズ用紙の

消費に，近年安定した需要増加があったが，米国ではカット・サイズ用紙に関する限り，需要の伸びは鈍化している。この理由は米国がインターネット世界により深く踏み込んだためである。その結果，かつて電子メールを常にプリントアウトしていた米国人口は今ではそれほどではなく，数年前にくらべるとモニター直接のテキスト読み取りに違和感を感じなくなっている。米国人がインターネットと電子メディアの使用に慣れている世界最大人口であるので，このトレンドが合衆国で持続すれば，世界の他の地域へもいずれ広まる事が予想される。(Kirsten Lange, BCG社報告の著者の一人[172])

今後，カット・サイズのオフィス用紙の使用が増加する限り，他のタイプのオフィス用紙は劣化する。例えば，電子メールの増加により，封筒100万トンが未利用のまま廃棄されるであろう。レターヘッドなど，各種様式紙の需要も下がるであろう（BCG社の指摘）。

米国でオフィス使用のカット・サイズ用紙の全需要量は，1996年の380万トンから2003年の540万トンに増加し，自宅でのオンデマンド印刷の増加分を加え，2003年の総合計は570万トンになると需要予測される（BCG社の指摘）。

今ではインターネットとイントラインターネットの採用により，多数の会社が紙の消費を劇的に減らすために，今後数年でオフィス用紙の消費が減少し始めたとしても不思議ではない。インターネットの支援技術を提供する主要会社のAT&T社とNortel Network社の経験が可能な削減レベルを示している。Nortel社は，紙の消費を減らすためには，高いレベルの従業員の意識と電子メール・イントラネット，ペーパーレス帳簿，両面印刷等の活用強化を含めた施策を包括的に進めている。1997－98年の間に1,140トン，17%の用紙使用削

第4章　インターネットと製造生産部門

減を実現した。これは，売り上げ1ドル当たりでは重量で25％の削減に相当する。1993年レベルとの比較では，用紙使用の33％（売り上げ1ドル当たり重量で64％）を減少させている。[173]

AT&T社は，400トン以上紙の消費を節減した。[174]　その戦略には，以下のものが含まれる。

- 年に20,000冊以上も印刷・配付していたAT&T全職員ガイドを1,500ページに及ぶハードドキュメントから，オンライン資源へと移した。（法人の住所録の多くは今では電子情報化されている。）
- 環境, 健康＆安全組織の月報をオンライン化することで180万枚の紙を節約できた。
- インターネット経由で部品供給者にオンライン発注する。
- 同社の400種の書式をオンライン化し，必要時の印刷で済むようにする。
- AT&T, Todayをオンライン配送し，10,000冊／日の冊子を排除し，2,400万枚の用紙を節約した。

IBM社の報告によると，インターネットベースのサプライチェーン管理システムがすでに，500万枚紙の消費を節減した。[175]

紙の消費節減が環境を保全することは言うまでもない。しかし，実は多くの会社が用紙使用を減らす結果になる第1の理由は電子装置に比べると，紙依存システムは非効率であり，より多くの労働時間を必要とする傾向が回避できるためだと考えられる。例えば，GE社は"一連のインターネットベース購入供給者・生産性解決統合ソフト・Trading Process Network (TPN)"により，生産性増加と紙の減少を含む多様な利益を同時に達成している。[176]　調達システムの電子情報化が未達

成時点では，商務省1998年のリポートにもあるように，

GE社のシステムは極めて非能率なものであった。事実，購入注文書・領収書・送り状が互いに整合せず，送り状（125万件）の1/4は作り直しを余儀なくされていた。

GEの子会社GE Light社の工場では，低価格機械部品の購入のため，かつては夥しい見積請求（Request For Quotation＝RFQ：）の依頼要求書が同社の調達部に送られた。部品依頼が発生すると，青写真をそのつど原紙書庫のある貯蔵倉庫よりの出庫依頼・社内輸送・写真複写・折り畳み・見積もり依頼様式添付と封筒詰迄の一連の処理後社外郵送された。この一連の処理に少なくとも7日間という長時間を要し，内容は極めて複雑であるので，資材部では普通2，3の外部の下請け供給者宛て，一括の発注書類を一斉に送付する状況であった。

そこで，GE Light社では，会社のインターネットベースの調達システムTPN Postにより，RFQを電子配送し，落札決定書発送を含むオンラインサービスを試験的に行うこととした。

今日では資材部は内部顧客からの依頼書を電子上で受け取ったり，インターネット経由で入札条件や落札結果を世界中の供給者宛てに発送できるようになった。このシステムの特徴として，正確な図面を自動的に検索し，それに見積もり依頼の電子様式を添付できる。資材部が一連のプロセスを開始してから2時間以内に，供給者に対し入札条件であるRFQを電子メール，ファックス，または，EDI（電子データ交換）によって通知できる。一方，供給者は1週間以内にGE Light社へインターネット上で受注条件を通知すべく準備を開始し

なければならない。GE Light 社がそれを受け取り，評価するや否や落札者がきめられる。

この方式で同社は多大の利益を得た：
(1) 一件あたり処理のサイクル時間が半減した。
(2) 用紙と郵送費が100％削除された。
(3) 資材部では生産性が大幅に増大した。部職員は，マニュアル工程処理時に余儀なくされた文書業務，写真複写，および封筒詰めなどの業務より解放され，月間少なくとも6－8日間の時間余裕を戦略的活動に振り向け専心できるようになった。
(4) 調達業務に必要な労務費が30％下がる一方，同社は一層幅広い供給者をオンラインベースに置くことが出来，材料コストは5－20％削減された。
(5) 今日では取り引き処理が終始電子上で取り扱われるので，送り状は，購入注文と自動的にすり合わせがなされ，そこで発生した小さな修正をも反映したものとなる。書類処理上のエラー発生率も著しく低下した。

1997年度GEの8支社でTPNを使ったインターネット調達で10億ドル分の資材と部品を購入した。同社は2000年までに12の拠点工場全てに社外製品と保守修理運転（Maintenance, Repair and Operation＝MRO）資材を合計50億ドル分インターネット調達する計画である。これらの購入業務の合理化のみでも，同社の見積りでは毎年5億－7億ドルの節約ができる。

製造工程に必要な素材，サービス，部品供給などの取り引き額はおよそ2,500億ドルの規模になる。GEの例にみられる

ように，電子システムを用いない場合には高価で，非能率的である。[177]

電子メディアのもつ特質の全てを考慮すると，インターネットがGDPあたりの紙消費を有意に減らすことにより，米国のエネルギー消費と温室効果ガス放出原単位を確実に減らすことができる。さらに，パルプと製紙産業に劣らず非エネルギー集約産業である印刷業でも附随的ながら影響が発生するだろう。短期的には，新聞・カタログ・電話帳等の印刷分野で，中期的には雑誌とダイレクトメール印刷の分野で，エネルギー消費原単位が低下する可能性が高いと考えられる。

厚紙箱包装：

紙の消費との関係が密接な他の分野は厚紙の箱包装の分野である。しかし，カット・サイズ用紙の使用に関する需要予測の場合と同様，顕在化しないまま相殺しあう多くの要因が存在する。例えば，B-TO-C ECをみると，Amazon.comの様な書籍直販の会社に限らず，包装箱で直接消費者に商品宅配の増加が予想されるが，この現象を定量的に理解するためには，エネルギーと環境に対する多岐にわたる包括的なライフサイクル分析（Life Cycle Assessment＝LCA）が必要となるだろう。本リポートではLCA分析の詳細は取り扱っていないが，関連してここではいくつかの主要論点にふれる。

一例として，ある消費者の関るECが製造業者から所有者までの直接輸送モードであるとすると，製品の物流に伴う大型厚紙ボックスやコンテナー容器によるばら積み形態の過程は当然割愛されることになる。また，すでに指摘したごとく，今後5年間にわたり予想されるB-TO-C ECの成長の40％分がカタログ販売の消滅によるものの，商品自体はもとと変わ

第4章　インターネットと製造生産部門

らず同一の包装で輸送される。さらに, B-TO-C EC がクリスマス期のような特定繁忙期に大繁盛するものの, 購入商品の大部分がいずれにせよ輸送対象となるのであれば, EC のもつエネルギー節約・環境保全効果のいくらかはこの場合も相殺されてしまう。

　B-TO-B EC の急成長の場合は在庫が極端に削減され, 包装と木詰めの使用が減少するのでより一層重要な意味を持つ。更に, サプライチェーンがインターネット/エクストラネット上に置かれるので, 今は歴史的遺物に過ぎない青写真のような厚紙の箱包装を必要としたアイテムの出荷は急減少する可能性がある。さらに, インターネットの効果として, GE 社と Cisco 社ではインターネットの使用により誤発注率を25％から２％に低下できた。

　最後に, 運送業者自身には主要経費の一つである輸送用包装容器費削減誘因があり, 当然彼等は順序良くそれら資材の消費削減に努力してきた。たとえば, ユーピーエス社 (United Parcel Service = UPS：世界最大の速達便物流・宅配業社) の場合, 1998年に自らの包装廃棄物を削減するために, 非営利組織"環境の改革化同盟"(Alliance for Environmental Innovation = AEI) と同盟を組んだ。[178]

　同年11月に発表された彼らの成果報告者によると, 以下の通りである。

- UPS は小包材料としてリサイクル材料をほぼ倍加し, 速達便ではほぼ80％再生紙を利用したこと。
- 全ての速達便包装に純白紙の使用を止めたこと。
- 物流資材から発生する全浪費と汚染を平均13％削減させたこと。
- UPS のプラスチック袋 (PAK と呼ばれる) の再生品導入

をし，各PAKの重量をを約10%削減できたこと。
- UPSが使う輸送容器，封筒，および，PAKでリサイクル可能なオプションの市場調査を行ったこと。

新機軸のうち，重要なものの一つはリサイクル可能な封筒の導入であった。

プロジェクト成果の要約によると，リサイクル可能封筒と新しい包装改良が相俟って，約50%の炭酸ガス放出を減らす一方，これまでのUPS包装と比較して15%以上水利用を削減し，12%エネルギー消費を節約する結果となった。さらに，これらの行動計画は全社的に100万ドル以上の経費節減となった。この努力により，全体で5,000トン/年の固体廃棄物が減少し，約400億BTU/年のエネルギー消費が削減されるだろう。

UPSではリサイクル可能包装の活用法も開発している。今後，住宅地への小包配達が有意に増加するのであれば多くの小売業者と運送業者が協力して，小包の配送と集荷を同じ車で行えるようなリサイクル可能な包装の研究・開発に更なる努力を開始する計画である。

以上の状況よりすると，厚紙のみならず包装に関しインターネットのもたらすエネルギー節約・環境保全効果を定量的に評価することは難しいと言える。結果的に正負の効果が拮抗することもあり得よう。

他の"物質の電子情報化（E-MATERIALIZATION）"

用紙の他にも，ソフトウエア，音楽，および，フィルムを含め，製品の多くの電子情報化が可能である。

第4章　インターネットと製造生産部門

ソフトウェア：

　物質の電子情報化のうち，多分もっとも明らかな標的はソフトウエアであろう。コンピュータの高速化とメモリ増大，そして，インターネットの高速接続の数が増加すると，益々，ソフトウエアはインターネットの上に配信されるだろう。マイクロソフト，インターネットスケープ，および，オラクルによる全てのソフトウエアの半分が間もなくインターネットの上で配信されると推測される。(Forrester Research 社[179]) また，2003年までに，330億ドル規模のソフトウエアがインターネット上で販売され，そのうち，約半分の150億ドル分がインターネットによって配信されるであろう。(IDC 社 (International Data Corporation)[180])

　自らのソフトウエアのインターネットベース化を追求している会社が少なくない。マイクロソフトは，その市場を支配する統合ソフト Office のインターネットベース版を積極的に開発しようとしている。1999年9月に同社は新しいビジネスウェブのネット入り口となるホームページ（ポータル）上で，Office のオンライン版を有料提供する計画を立てている。遠い将来という大方の予想に反し，いますぐにも実現させると言う意気込みである（Brad Chase，インターネット担当マイクロソフト社副社長）。ウェブが主宰するアプリケーションへの利用推移のスピードについて業界アナリストのなかで意見が分かれている。一部には，3年以内に半分以上のソフトがインターネットから直接実行できるであろうと云う意見もある。(Reuter[181]) サンマイクロ (Sun Microsystems) 社は，インターネット上の連続プログラムスーツ（特定の目的のプログラム一式）Star Office5.1の無料利用のシステムを作った。最初の1カ月で，100万部がダウンロードされた。[182]

さらに40,000部/日の割合でダウンロードされ続けている。現在ウェブ上で確実に実行できるよう再調整中である。

　ここで，言うまでもないが，多くの会社にとってソフトウエアと他情報製品物質を電子情報化しようとする動機は生産性の向上であってエネルギー節約ではない。たとえば，デル社（Dell Computer Corporation）は様々な理由で（一つは，サービス支援コスト下げるため）ソフトのオンライン化をした。1998年中期までの時点で，約3万点のソフトウエア・ファイル/週のレートでデル社のサイトからダウンロードされた。各顧客の希望を電話で受付け，ソフトウエアを郵送するとしたら，同社は15万ドル/週の経費を必要としたであろう。[183]

　また，Cisco Systems 社もオンライン化によって様々な利益を達成した会社である。[184]　同社はその製品の全てを実質的に受注生産する。したがって，でき合いの製品はほとんどない。ウェブサイトができるまでは発注プロセスは極めて複雑であった。GE 社の場合と同じく，当時 Cisco Systems 社からの発注の25%はやり直しを余儀なくされた。すなわち，最初の発注がキャンセルされると，顧客とは再交渉が必要であり，全体の調達サイクルもやり直しを必要とした。

　1990年代中期，Cisco Systems 社はウェブ上にその技術支援システムを置いた。1997年までに，同社の顧客と流通協力者は約100万回/月のレートで，技術システム・発注チェック・ソフトウエアダウンロードの目的でログオンした。アンケート調査によると，このサービスは顧客の80%に好感を持ってスムースに受け入れられた。Cisco Systems 社への発注の半分が，インターネット上で行なわれ，残る作業は集金のみであった。エラーの発生率は2%へと低下した。

第4章　インターネットと製造生産部門

　Cisco Systems 社の評価によると，1998年までに，オンラインシステムにより 3 億6,000万ドル/年の節約ができた。これは，全企業経費の約17%であった。顧客は同社サイトから新しい発売ソフトウエアを直接にダウンロードするので，会社は，流通・物流・複写コスト分野で 1 億8,000万ドルの節約となった。製品をウェブとウェブーベースの CD-ROM 上に，製品情報と価格情報を持ってくることによって，会社は顧客へのカタログとマーケティング資材の印刷費・分配費5,000万ドルを節約した。残る節約の大部分は，テクニカルサポートの人件費の削減である。節約の大部分はソフトウエアの製造・包装流通に加えてカタログ印刷・配送など比較的エネルギー集約的活動から発生する。1999年までの節約が 5 億ドルと推定された。

音楽：
　音楽も脱物質化の可能性が大きい分野の一つである。今後10年間のうちにウェブ上に蓄積され送信された音楽によって置き換えられ，コンパクトディスクもかっての LP 盤の運命をたどることであろう。[185]　最近，音楽をデジタル化するプログラムが多数の開発されている。中でも MP 3 がもっとも著名である。
　1999年 3 月アメリカレコード産業協会（Recording Industry Association of America = RIAA）が行った調査で15－24歳人口の音楽購入品が減少しているのは音楽用 MP 3 ファイルの利用がその要因であるとみられている。RIAA によれば，購入率が減少の一途をたどっている原因はそれがマーケットの主流を占めた15－24歳人口の減少に比例していることより容易に推測できるが（1996年の32.2%から1998年の28%），RIAA

は頭を痛めている。[186]　潜在的要因としては，無料催しセンターと無料MP3音楽ファイルの利用を基盤とするインターネット音楽の誕生が上げられる。6月の1カ月間に米国では約400万の国民がデジタル式の音楽を聴取したと言う。(Media Metrix 社，インターネットに関する社会調査業，1999年8月)

映画：

　デジタル写真は画像を電子上に取り込むことができ，記録することができる。コンピュータフォーマットで情報を格納することができる。同じく，インターネット上で多数の人々に殆ど無料で画像を即座に伝えることができる。デジタル式の写真がフィルム製造や現像にともなう主要な環境問題を排除することができる。[187]

　フィルムのデジタル化は多様な応用がきく。小規模ながら，一例として歯科医がX線写真のデジタル化を開始した。[188]最近，歯科医用電子X線は1割の線量で直接電気的に記録することができるようになった。情報は，即時コンピュータの上に格納される。必要に応じ，そのデータは事実上経費を要せず保険会社や別の医師にも提供できる。歯科医の中には，この技術を含め全患者の歯のカルテを電子情報化しオフィスをペーパーレス化するために，全力をあげている医師もいる。同時にこれは空間面積の大幅な削減に通ずる。

建設部門

　建設業は，エネルギー集約産業である。例えば農業にくら

べ，よりエネルギー集約的ある。[189]　最近の予測では，建設業は石油精製や製鉄のようなよりエネルギー集約的な産業にくらべると，その成長がより急速な産業の一つである。[190]さらに，鉄やコンクリートのような建設材料は，比較的高い規模の原材料製造時のエネルギーを内在化させている。これは内包エネルギー（embodied energy）と呼ばれている。すなわち，それらの生産には多量のエネルギーが消費されている。それゆえ，その使用が削減できれば，かなりのエネルギー節約につながる。

　第3章に詳述したB-TO-C ECとB-TO-B ECに対しインターネットの持つ多くのエネルギー節約・環境保全効果に関する説明が，ここでもそのまま当てはまる。米国がかつて必要であった建物を使用しないままで，今では著しい経済成長を達成し得る時代に入りつつある。この傾向は確実と言わないまでも極めて可能性が高い。このことは，ウェブサイトが新規小売り店舗を代替し，既存の小売り店も多分最後には代替されるので，少なくとも小売り部門では確実と見られる。銀行業や郵便局のような特定の業界でも，物質の電子情報化が多大のエネルギー節約・環境保全効果を持つであろうと考えられる。また，その根拠はかならずしも単純ではないが，新規オフィスの建設需要は低下するであろうと推測される。たとえば，IBM社とAT&T社のような情報技術のリーダー的企業によって開発された企業モデルを採用する企業が増えれば増えるほど，社員1人当たりの平均必要オフィス面積は低下するであろう。今後，益々インターネットを基本としたホーム基盤ビジネスの経済成長への寄与が大きくなれば，やはり新規オフィス建設需要が低下するであろう。そして，製造業の建設需要も低下するであろう。

1999年6月の連邦準備制度理事会議長Greenspan氏の行った情報技術の経済効果に関する証言を想起するとよい。情報技術への急激な投資の増大により，単にコストが抑えられたのみならず，製造工場の生産量上昇以上に生産能力が増加した。[191]　さらに，B-TO-C ECの倉庫需要が増大する一方，B-TO-B ECでは製品倉庫需要と部品貯蔵空間需要が大幅に低下すると見られる。トヨタのような自動車会社は，JITプロセス工程を改良することにより，製造拡大のための床面積確保を達成させている。Cisco Systems社もまた，僅か50万平方フィート製造工場で120億ドル以上の収入を上げた事実は驚嘆に値する。[192]　さらに，前節で述べたように，同社は，FDX（Federal Express）社との共同運行により，倉庫スペースを減らしつつも成長し続けているのである。

　商務省は，1998年"デジタル経済の出現"なる報告者で，初めてデジタル経済の持つ利益と可能性について詳説した：

　　　在庫を適切に管理することが，顧客に一層良質のサービスを提供する一方，自社の企業コストを下げることにつながる。販売により現存倉庫より在庫品が減り，製造にまわるため貯蔵場より部品が出庫する回数できまる倉庫の"在庫回転数"に相当する分，棚卸頻度を増してやれば在庫関連の利子，手数料，並びに貯蔵費が削減される。また，在庫レベルを減らすことは，現存の製造能力が一層効率的に利用されることを意味する。そして，より能率的な生産は，追加投資需要と工場設備需要の削減・削除につながる。[193]

　要約すると，インターネットの活用により，工場の製造現能力（容量）の最大限利用がより促進される。その結果，新規製造工場の建設需要の発生を遅らせることができる。すなわ

ち，工場製造能力の放出売買さえ実現可能である。(Sawhney & Kaplan，ビジネススクール教授，1999年9月号，Business 2.0[194]) 他の例についても，本節の後半で議論する。

　しかし，建設需要が消え去るわけではない。むしろ逆である。経済成長には建設活動が不可欠である。ポイントは需要増分と建設関連経済成長増分の比（弾性値）の低下が確実と見られることである。それによって米国のエネルギー原単位が全体的に下がるだろう。なぜなら，建設部門が産業部門のなかで，エネルギー集約度の大きな部門の一つであるばかりではなく，比較的エネルギー集約資源である材木と鋼の消費主体でもあるからである。

　インターネットによって，既存の小売り店舗の一部が不必要となる可能性があるので，今後は，小売り店舗のみならず，銀行の支店，倉庫，および他の商用ビルなどの既存の施設の再生リニューアルが流行しそうである。これは，適応・再利用の形態であるが，小売りアナリスト達の分析では，今後，益々流行するだろう。[195] 再生利用についても，同様に言えることは，一からの新ビル建築に比べると消費エネルギーが小さくてすむ。そして，新規建設が減りつつ，ビルの再生利用が増すという両方のトレンドが相俟てば，エネルギー原単位が低下するであろう。

建物セクターに対する影響評価：
　インターネットのもたらす主要経済効果シナリオの評価の一つである商用ビル部門における需要面積低下の基本値は"30億平方フィート"である。これは，すでに第3章で議論したように，1997－2007年の10年間において実現すると考えられる。インターネット通勤者（telecommuter）ならびにイ

ンターネット自宅創業者が，20億平方フィートのオフィス面積需要を削減し，B-TO-C EC が15億平方フィート以上の小売りスペース需要削減可能性がある。今後，ネット倉庫需要向けの新規建設の発生は避けられないことは明らかであるが，そのうち，すでにかなりの面積が自己努力により節約されたことも指摘できる。[196]

最後に，工場のもつ製造能力の活用促進により，今後10年間で数億平方フィートに及ぶ製造工場の建設需要が削除できるであろう。[197]

以上より，1997年から2007年までインターネット経済のもたらす全建物面積の正味減少面積は約30億平方フィートであると考えて良い。その理由はまず，インターネット通信勤務，B-TO-C EC（ネット購入），および，B-TO-B EC の結果，1997年より，建設需要は10年間，3億平方フィート/年減少する。これは，その間に商業利用の床面積として計画される新規床面積の20％に相当する。(EIA[198])

オフィスビル建設に費やされた全エネルギーが平方フィート当たり，約100万 BTU（MBTU）であると見積もられている。[199] したがって，新規建設分 3 億平方フィート/年の需要を削減することにより，全産業の年当たりエネルギー消費エネルギーの約 1 ％である0.3q/年程度の節約に対応することになる。殊に，このレベルのエネルギー消費量節約がすくなくとも10年間，さらにそれ以上，このトレンドが持続し，毎年節約され続く限り，累積エネルギー節約量は無視出来ぬ量であると言える。これは又，GHG の約4,000万トン/年の削減にも相当する。

以上のシナリオは極めて推論的であり，多くの複雑な要因を無視していることは事実である。例えば，前記商用ビル部

門における需要低下面積30億平方フィートの一部は新規建設の削除分である。事実，例えば，Barnes & Noble 社の小売店舗増設計画は縮小しているし，IBM 社もその成長に拘わらず，新しい工場やオフィスビルの構築は縮小している。需要低下分の一部は銀行やモールとして不必要になった既存ビルの転換である。即ち，それら不要なビルの一部に将来，新借家人が入るとすると，その分新規建設が削除され，これらのビルがリフォーム・再利用されるだろう。その時，平方フィート当たり100万 BTU には及ばないにせよ，相当のエネルギー節約が期待される。しかし，残りのビルは廃棄されるのでエネルギー節約には寄与しない。最後に，多くの場合，不動産開発者はビルに比べて土地に価値があるとみるので，不必要ビルの一部は，完全に破壊され，再建されるだろう。その場合は，古いビルの破壊と廃棄のために余分のエネルギーが必要となる。

　表4に2000年における物資の電子情報化のエネルギー節約・環境保全効果予測をまとめておく。

　以上の背景より，全産業のエネルギー消費量の1％が節約されると言っても，その数字はどう見ても極めて荒い近似と言わざるを得ない。にもかかわらずビルと工場の電子情報化が製造に関するエネルギー原単位を向上させる目的にとって，少なからぬ可能性をもつことを以上の分析が示している。したがって，この分野は更に詳細な研究を進めるに値する重要な分野であるといえる。

表4 物質の電子情報化のエネルギー節約・環境保全効果の評価予測(2008年レベル)

	節約エネルギー (q)	GHG削減量 (万トン)
紙	0.16	2,000
建設	0.3	4,000
合計	0.46	6,000

深化した資本と廃棄物排出極小化

インターネットにより広範囲かつ高度なSCM(サプライチェーンマネジメント:在庫を劇的に減らすこが可能で,予測精度を向上させることによりミスと廃棄物の除去削減に寄与する)が可能になる。高度な物々交換・融通が可能になると,施設能力の最大稼動と資源再利用が増える。これらは全て資本のもつ意味深化を促進し助長する形の資源節約に他ならない。Greenspan議長の言葉を繰り返すと,"意味総体的生産性の高レベル達成"ということになる。[200] その主要ポイントは,技術が新しければ新しいほど,かつリードタイムが短いならば,意識的な投資がよりはっきり一層有利となり,企業は10-20年前の生産性に比べ,勤労・資源の資本代替が可能になり,遥かに生産性が上がることである。

生産過剰・廃棄物発生・ミス発生などを回避し,素材の再利用促進を通して,その努力以上に有意なエネルギー節約と環境への排出抑制が実現できる。これは,他の多くの製造業にとって一般的に当てはまる。なぜなら,購入原材料の生産・輸送に要するエネルギー(いわゆる内包エネルギー)消費が購入エネルギーを優に超える場合が少なくないからである。

例えば，カーペットタイル製造に必要な原材料のもつ内包エネルギーが製造エネルギーの約12倍である。(Interface Flooring Systems 社[201]) そこで，かりに歩留まり4％の生産削減を実現すれば，製造エネルギーの約半分の節約ができる。我々は，すでに，Cisco，GE，AT&T，および，IBM 各社の例でインターネットのもたらす顕著な生産性ならびに関連利益について分析した。IBM の人事部 (Personal Systems Group) の払った努力は殊のほか教訓的である。この事例は，1998年商務省リポートにも取り上げられている。：

　IBM 人事部の市場調査部は，毎月，パソコン売上予測台数情報を報告する。生産計画課は各工場の製造設備容量と材料在庫を確認する。全社的な需要と供給に関する全情報をもとにつくられた生産スケジュールが各工場に割り当てられる。調達担当も供給者と交渉にあたりこれと同じ情報を使う。新しい情報が毎週届けられるので，繰り返される生産スケジュールはリピートされ，プロセスが微調整される。

　工場間の電子通信システムが利用促進された結果，営業と調達部門においてもこの即時対応 (Quick Response = QR) が可能になった。問題が生じた時は，即時に関係部署に伝達され時宜を得た調整が行われる。例えば，需要が突然発生したとして，ある工場がその生産スケジュールを満たすことができない場合，遅滞なく別の工場に生産増加を指示するシステムとなっている。

　IBM 人事部では1996年以来，この‘高度計画システム’(Advanced Planning System = APS) を段階的に導入してきており，その結果のうち重要なものを報告書にまとめている。APS の第1年目，在庫回転率は前年度比40

％増加し，売上も30％増加した。1997年でもさらに50％の回転率増加と，20％の売上増加が見込まれた。事実，既存施設のもつ製造容量を活用することにより，生産量増加のための追加投資は不要であった。また，在庫回転率を改良することにより，新規投資と作業コストが縮小した結果，この年5億ドルが節約された。[202]

この類の節約を望まない製造業者は皆無であろう。そうだとすると，かつて Ernst & Young 社が予測したように，米国経済全体で，2,500億－3,500億ドルの在庫削減の実現も夢ではない。[203] その結果，製造容量活用が有意に増加することであろう。

かつては想定外であった製造部門の効率向上が，インターネットによって期待できるようになる。オンラインの融通・交換サイトである PaperExchange.com の例を見てみよう。このサイトは世界的な紙の売買システムを変革しようとしている。[204] 一般的な融通・交換モデルでは価格は公開されており，売り手は買い手を容易に特定できる。「しかるに，一般的に紙業界は極めて非効率な業界であるが，特に世界規模の紙業界ビジネスにあてはまる。代理店と流通業者のみが情報をもっており，売り手と買い手のいずれにも取引価格が分からない仕組みである。ふつう仲買人が大きい取り分の情報を保持している。同社は，かつて現場の営業担当がもたらす不確かな情報にもとづいて基本生産量を決定した結果しばしば裏切られた。つまり，その情報が生産過剰とそれに伴う価格下落につながった。担当責任者が実情報ではなく，自分の所望・期待する売上レベルに基いて生産レベルの決定を行ってきたためである。今後，業界企業が互いのデータを開示することにより，業界全体にわたり，実生産レベルと実勢価格

を常時知ることができるようになろう。」(Roger Stone, サイトの主要株主であり, 重役, かつて自分の会社ストーンコンテナー (Stone Container) 社を78億ドルの紙会社に転換)

　紙漉機は1台5億ドルもする。したがって, 紙漉機は1日に24時間連続運転し, 在庫すべき紙を生産し, 買い手が現れるのを待つという仕組みになっている。しかし, 往々にして買い手は現れない。そこで, 在庫紙は古紙となり, あらためてバージンパルプに再添加されて製紙工程にまわる。これはエネルギーの途方も無い浪費である。今後, 企業間融通が進めばこの浪費の最小化に役立つ。さらに, 素材融通と物流融通が統合化すればトラック上の空スペースを競売することにより, 輸送システムの利用可能容量を最大化できる (5章節参照)。以上の背景より, 今すでに, また, すぐにも, その他ほとんどの必需品サイトで, 融通・交換が始まるであろう。[205]

材料再利用と廃棄物排出最小化:
　我々は, 既に, Cisco Systems 社と GE 社のようにインターネットベースシステムを活用して, 企業が自らのミスの劇的な削減に成功した多数の事例を参照した。また, インターネットベースの書籍ビジネス, オンデマンド出版, そして究極的には電子本と言った形で成長するにしたがって, 書籍の返本も着実に減少するであろう。一般に, 正確な予測と JIT 生産方式が廃棄部品や不良品発生を最小化する。現在, 急速に成長を続ける米国ビジネスの多くは, 資本を温存し自らの財政の健全性を高めるため'必要時製品生産戦略'を遂行しつつある。(Pricewaterhouse Coopers 社の1999年9月期報告[206]) デル (Dell) 社が指摘するように, デルシステムでは

個別の個人や企業の買い手を対象に生産する受注生産であるので，いずれ埋め立て廃棄の運命を辿るようなかつての超過在庫品，廃棄在庫品が減少するであろう。[207]

　また，オンライン競売は資源の再利用を促進する。安売りショップと米国のガレージセールでの販売はそれ以外では廃棄処分されざるをえない商品に比べると，常に代替案として次善の策であった。(Nevin Chohen[208]) 1999年時点，人気沸騰のeBayのようなサイトで競売するECは，みずからの屋根裏一掃品の提供者と世界中のお買得ハンター達を引き合わせるガレージセール式販売を創業しつつある。消費者側からすると，インターネットサイトには，カメラ，コンピュータからCDに至るまで，中古商品で溢れている。

　　社会的利益は何か？ eBayを活用して27億ドル規模の商品購入ができるが，その数字の意味は，年間27億ドル売り上げて，コストに26億ドル支払う過去の会社の場合と異なることである。その場合の会社の経済への寄与は正味1億ドルに過ぎない。eBayでは，基本的にガレージに死蔵されていた商品が年に27億ドル分大して頭を働かせる必要なく売買されるのである。したがって，それは全27億ドル100％の経済寄与となる。たとえばCDの新規製造が減少すると考えられる。なぜなら，だれもがその意義をみとめて代替品で済ますであろうから。(Steven Landsburg，ニューヨーク州ロチェスター大学の経済学準教授，Everyday Economicsコラム，オンライン雑誌Slate[209])

　企業サイドとしても，今こそ，インターネット上に当該産業の第2市場を形成することができるからである。ファーストパーツ（FastParts）社は余剰電子部品を競売している。

ふつう，部品値の50%で売り手より購入し，価格の50-30%割引で買い手に売り捌いている。[210] 又，別のサイトiMark.comでは設備資本を競売している。かれらの目標は遊休品を探し，移動し，売り捌く組織的能力を強化して資本費を削減し，ロスを減らして投資回収を最大化することである。[211]

さらに，chemconnect.com という別のサイトでは，化学薬品とプラスチック製品の融通・交換により，劣化しやすい化学薬品の損失を最小化したり，かつては廃棄物とみなされた派生材を別の会社の原材料に融通を促進したりしている。驚くべきことに，廃棄物競売サイト solidwaste.com は長さ40フィートの中古積荷コンテナーのような商品をさえ競売している。

そして，これら製品の多くは，その製造に必要なエネルギーが予め分かっているので，特定のサイトにおけるこれらの競売での取り引きの結果エネルギー消費が有意に節約される事は自明であることが分る。然し，定量的な分析により，これら B-TO-B EC の競売活動がもつエネルギー節約・環境保全の直接的効果を明言することは難しい。サイトの多くは，参加者が匿名のままで構わない以上，買い手と売り手の両方が他の条件でどう振る舞うかを決定することは困難であるからである。したがって，これはより詳細な分析に値する分野であると言える。

第5章
インターネットと輸送部門

　現在，米国では輸送部門がエネルギー消費の約1/3を占めている。この節の目的はインターネット経済が輸送エネルギー消費を低下させ，国全体のエネルギー原単位を低下させる方向への寄与を見定めることである．
インターネットが輸送エネルギー原単位を減らす幾つかの見通しがある。例えば：
- コンピューター在宅勤務が増えると通勤が一部削減される。
- ネット購入により，買い物用車利用の一部が削減される。
- ネット遠隔会議により航空機旅行の一部が削減される。
- これまではトラック，列車，航空機で輸送されてきた印刷物，ソフト，建築資材など様々な商品が今日ではデジタル伝送されつつある。つまり，物質的に電子情報化されつつある。
- サプライチェーン効率が向上する。
- 全輸送システムのもつ容量利用効率を上昇させることができる。

　一方，インターネットがエネルギー原単位を増加させる可能性もある。

- 航空とトラックを駆使する翌日宅配など，比較的非効率な輸送法による製品の配達が増加する。
- インターネットによって脱国境化が進むと，地球の裏側の国よりの商品購入が容易となり，一般的に物流が増加する。
- インターネット上での分散した知人に直接面会したいとの希望を満たすために，個人旅行や商用旅行が増加する。

　この部門の分析は殊のほか難しい。例えば，インターネットのもつエネルギー節約・環境保全効果の一部は，相互作用の結果相殺する可能性がある。すなわち，自動車による私的な買い物の一部は小包輸送によって代替される可能性がある。また，以下詳説するように，十分研究されてきた分野であるにもかかわらず，コンピュータ在宅勤務のエネルギー節約・環境保全効果を評価する車両の全走行距離 VMT（vehicle miles traveled）の影響分析は極めて複雑で難しい。更に，国際取引量の急成長，航空機旅行，VMT のように，多年持続したトレンドとインターネットの特異な経済的効果間に横たわる相互作用を分離することは殊に難しいであろう。エネルギー情報管理局（Energy Information Administration＝EIA）の現状見通しによると，今後10年間に輸送エネルギー消費は，建設部門や製造部門における消費の 2 倍以上の速度で成長するだろう。[212]その上，ビジネス関連輸送や自営企業の自宅勤務者の旅行を含め，多くの輸送関連項目には情報のギャップがある。

　我々には，上記一連のトレンドのうち支配的なものがいずれであるか，高い精度で予測できるとは思えない。前述のエネルギー節約・環境保全効果が概ね相殺し，輸送エネルギー消費が，事実上現状と変わらぬ速度で成長し続ける可能性も否定できない。一方，我々は，インターネットがもつ商品物

第5章　インターネットと輸送部門

流に対する影響はほぼバランスするものの，個人的な旅行に対しては顕著な影響を持ち，さらにビジネス旅行にも影響をもつことはほぼ確実であると考える。いずれにしても，情報技術部門は輸送集約的ではない。事実，情報は益々インターネットを通して配達されている。従って，GDP 成長の大部分が IT 部門から生まれ続けるこの傾向に呼応して，インターネット経済では経済成長に対する輸送エネルギー弾性値が低下するような新しい経済成長を部分的に許容する可能性がある。

遠隔勤務

　すでに，3章で指摘したように，"自宅勤務"の定義と定量化には問題がある。しかし，あらゆる形態の自宅勤務の仕事は，労働市場構成要素の一つとして大幅に増加する傾向にある。[213]　いずれの研究結果も予想通り，コンピュータ在宅勤務が通勤に伴う輸送を削減すると結論している。[214]　そして，消費者の買い物移動の減少より生ずる正のエネルギー節約・環境保全効果は他の旅行の増加による負の効果によっても逆転しないことを示している。すなわち，米国の 2 大研究によると，コンピュータ在宅勤務の結果，全体の旅行節約として，ふつうの定期券通勤のみの節約に加えて，非通勤移動交通も実際に減少することを示した。とは言えこの場合のエネルギー節約・環境保全効果は小さなものである。[215]

　直感的には，一見，コンピュータ在宅勤務は明らかに輸送エネルギー消費を著しく削減するように見える。しかしながら，多数の間接的な効果のゆえに，コンピュータ在宅勤務の

エネルギー利得構造の分析はより複雑である。例えば，潜在需要が影響する。すなわち，もしコンピュータ在宅勤務が道路混雑を解消すれば，かつてはそれを理由に旅行を控えていた人口が考えを変える可能性がある。一方，ピークの渋滞状態が抑制され走行環境が改善向上すれば，スムースに流れる道路上での交通により燃費が減るかもしれない。また，長期的にみると，コンピュータ在宅勤務はより一層都市の不規則な発展（スプロール化）に繋がるであろう。更に，都市の中心街にあるビジネスセンターより遥か離れた人口密度のより廉価な住宅へと移転する人口が増加するであろう。

米国エネルギー省の1994年の研究によると，これらの効果の全てを含んだ場合でも，インターネット在宅勤務のために2010年までに正味節約される石油量が有意なものであると結論している。[216] インターネット在宅勤務の直接的な利益は，改善された交通の利益とわずかではあるが潜在的な需要とスプロール化によるロスの全てを含めた解析の結果50％弱減少した。

一方，実態はどうかと言うと，常にある種の拮抗状態になるために例えコンピューター在宅勤務の量が有意に増えたとしても，旅行に及ぼす全体的なエネルギー節約・環境保全効果としては，将来とも比較的変わらないだろうとの意見がある。例えば，初期ネットのコンピュータ在宅勤務者はふつう平均通勤距離以上の長距離の通勤の削除であったが，在宅勤務者人口が増加するに従って平均距離に近くなった。その結果，割愛された通勤距離は平均的に減少した。また，遠隔通信技術自体が誘因となる旅行需要が発生すると増加する恐れさえある。（Patricia Mokhtarian，カルフォルニア大学デービス校教授，この分野の権威者[217]）このいわゆる"誘導需要"

には，人が興味を示す活動とはなにか？ 旅行を刺激する経済成長とはなにか？ ならびに個人とビジネス関係を拡大するネットワークとはなにか？ と言ったテーマが含まれる。[218]

"旅行"と"通信"の間には歴史的に基本的な相関関係があるとの定説がある。[219] 例えば，高性能通信技術（電話とファックス）は，輸送を代替するどころか，実に輸送の刺激に寄与する。今後10年間の問題は，高度な技術としてのみならず，"ネットワーク効果"のためにインターネットが質的に十分高いコミュニケーションを実証し，この伝統的関係を壊すか否かである。一部のアナリストは，その可能性が高いと考えている。[220]

更に，多くの人々が言うように，インターネットによって，あらゆることが変更を余儀なくされる限り，いくつかの理由によって通勤が根本的に変化すると考えられる。まず，第1にインターネットはホームオフィスのための中心技術になると予測されていることである。現在，ホームオフィスの数がおよそ300万/年で増加しつつある。今後，インターネット接続パソコンを持つホームオフィスの数は，1,200万（1997年）から推定，3,000万（2002年）に成長するだろう。(IDC社（International Data Corporation）[221])

第2に，インターネットが多くの情報へ一層のアクセスを可能にするので，高速接続のようなITテクノロジーの進歩と結びついて，自宅通勤者に自分の自宅内より外の世界での活動にさらなる可能性を与えるものであること。殊に，ITにより，自宅ベースの通勤者がより一層大きいアプリケーション処理能力を持つようになり，企業データへの遠隔アクセス，共同作業，ファイルの共有ができるようになる。(Raymond Boggs，IDC ホームオフィス市場調査部門の責任者[222]) イン

ターネット活用による多グループ間の遠隔会議技術の質が向上するにつれて，自宅労働者の能力をより強化すると思われる。後ほどこのことについて述べる。Ernst & Young 社では，デスクトップビデオ会議システムが同社のオフィスの勤務者・クライアント・フルタイム自宅勤務のソフトウエアコンサルタント間を接続している。[223] かつて，同社はあるコンサルタントをオフィスへ週に1度航空機で招いていた。そして，彼のホテル請求書を支払っていた。もうその必要はない。

　第3に，B-TO-B EC と B-TO-C EC 双方が互いに成長するので，本社オフィスに比べ，ホームオフィスの方がより容易に処理できる仕事，つまり，インターネットにかなりの時間を使う仕事が一層多く発生することである。かつてのコンピュータ在宅勤務は，1週間にほんの1，2日程度であり控えめな輸送節約の機会を与えるに過ぎなかった。(Mokhtarian) インターネットにより，自分のオフィスと顧客に常時接続される自宅勤務がすでに IBM 社と AT&T 社の多数の社員によって実行されているが（第3章を参照），このような形態のコンピュータ在宅勤務が益々増加する一方，オフィス勤務時間が相当減るだろう。

　第4に，インターネットは在宅勤務を根本的に変える。すなわち，B-TO-C EC が急速に成長しているので，高度なインターネット技術を持つ遠隔勤務者がインターネットの使用により，買い物，銀行での用足しなどのための旅行を代替・削減する人口の最前線に位置する可能性がある。事実，コンピュータ在宅勤務では，節約された旅行の一部を用足しに利用できたかも知れないが，インターネット遠隔電子通勤者はその点が異なる。この問題は重要であるので後にふれる。

　第5に，インターネット経済が文字通り100%自宅ベース

第5章　インターネットと輸送部門

の仕事を助長することである。

在宅ビジネス：

　ちょうど，ホームオフィスの成長がインターネットの使用拡大に貢献したと同様，逆にインターネットのもつ利用性がホームオフィスの成長と成功に貢献した。ウェブにより，小さなビジネスがそれ自身を販売促進し，オンライン取引処理し，ビジネス経営できるような世界的基盤を自宅から確立することが可能になった。(Boggs, IDC[224])

　第3章で我々はワシントンDCの例を参照した。自宅外での勤務や通勤を放棄した人々のいくつかの集団が自分の隣人の生活リズムと地域の季節の祭事をどうするべきか再検討している。この急速な拡大傾向はその大部分が高速のインターネットアクセス，廉価なコンピュータなど高度通信設備と電脳オフィスの繁栄を可能にした技術の急成長によってもたらされている。(Washington Post[225])。1999年秋現在，DCエリアでは約60％のオンライン接続環境にあり，米国で最大規模を誇っている。

　インターネット活用型自宅基盤ビジネスHBB (home-based-business) の専任勤務者人口の増加は，エネルギー消費の側面より殊に重要である。HBB通勤者の移動行動に関する研究が殆どない，あるいは皆無でさえあったが，米国HBBの移動行動に関する最初の研究としてカリフォルニア州運輸省 (California State Department of Transportation : Caltrans) による約1,000人の通勤者の調査分析結果が出版された。(MokhtarianおよびHenderson, 1998年[226]) 予想に違わず，分析結果は，HBB通勤者が自動車（仕事以外を含め）移動時間は，1日当たり，在宅遠隔電子通勤者HBT (home-based telecommuters），あるいは非在宅通勤者（通常通勤者）NHB（non-home-based business）の移動時間未満と結論している。HBB は 1 日に1.23時間自動車移動をし，これに対し，HBT は1.39時間，NHB は1.61時間であった。

　荒い近似計算によると，1997年から2010年までの各年，インターネット経済の結果，100万人/年の HBB の人口増加があると仮定する。（これはインターネット時代以前の HBB 人口増加率を上回る。）[227]　各 HBB が自動車移動で1日に0.38時間回避できると仮定する。就労日を年間250日として，かりに彼らが NHB であるとしての移動時間と比較した場合，2010年時に1,500万トン以上の二酸化炭素放出削減につながるだろう。これは，2010年の輸送部門での予定放出量の0.7％に相当する。[228]

　この分野で，より一層多くの研究が行われる必要がある。[229] 例えば，インターネット利用の HBB は従来の HBB に比べより非輸送集約的であることを示唆できる。

　新しいホームビジネスの多くが静かにホワイトカラー化する傾向にある。これは込み合う大型診療所や地域の隣人があれほどまで苛立った機械修理工場の騒音公害を何とか出来ないかというこれまでの環境問題に対する要望の回答でもある。バージニア州 Herndon の市役所では，ホームビジネスのために商業区画制限を緩和することとしたが，交通や騒音が増加したわけではない。（Washington Post,1999，10月[230]）一方，HBB の多くが翌日配達宅配システムを利用する結果，トラックと航空機輸送による宅配依存度が増加した。

　また，かりに，遠隔電子勤務が都市スプロール化現象を促進すると，従来の遠隔電子勤務にくらべ HBB の方が正味輸送エネルギー節約効果は小さい。すなわち，前者の場合，週

に1，2日であっても，自分の仕事場が都市中心から以前に比べより遠くへ移動せざるをえなくなり，通勤距離はより長くなり遠隔電子通勤のメリットは無くなる。さらに買い物と用足しの移動時間も伸びる恐れもある。一方，HBB あるいはオフィスで時間をあまりほとんど過ごさないインターネット電子通勤者の場合，都市中心から遠くへ移動しても，自宅勤務により生ずる輸送の利益が差し引き減少することはない。さらに，インターネット上で用足しの多くを済ますことができれば，たとえスプロール化が発生してもそのために移動が増えるわけではない。

　概して言えることは，インターネットにより，すべての"遠隔勤務"について（HBB では殊に），輸送エネルギー消費抑制効果が大きいと考えられる。とは言え，"遠隔勤務"によっても基本的に交通渋滞は多分減らないだろうし，交通量 VMT（車両走行距離）も減少しないであろう。今，米国の経済は成長しつつある。他の工業先進国の多くと異なり主として米国では移民による人口増加が見込まれる。インターネット遠隔勤務が実現すべきことは，それに見合う道路混雑と輸送エネルギー消費の増加を抑えつつ，一層の経済成長を図ることである。その意味ですでに他の部門におけるインターネットのもたらす大部分の影響と同様，インターネット経済は既存の輸送システムのもつ容量の利用を向上させるものである。

遠隔電子購入

経済協力開発機構OECD（1999年）報告によると，

"インターネットが電子商取引に対し果たした役割は，かつてヘンリーフォードが車に対し果たした役割に対応する。"

すなわち，彼は少数のための贅沢品を大衆車用の比較的単純かつ廉価な装置に変えた。[231] "インターネットは，ある意味では"究極のモール"である。"（Russell Roberts，ワシントン大学セントルイス校教授，1999年10月，National Public Radio[232]）それは，利便性・情報の流れ・品物の選択・価格を一義的に統合している。第3章で指摘したように，ショッピングモールの背景にある基本的動機の一つであり，成功の理由は，消費者は同時に多品種の買い物をするとき，離れた小売店に行きたがらないものである（Ragnar Nilsson，欧州最大のデパートチェーン情報担当主任[233]）という基本特性の把握である。

初期の分析結果では，インターネット購入の主要効果は，既存の小売り店での買い物を増大するものではなく，代替することであることを示唆していた。1999年8月のオンライン取引の6％（または，119億ドルのうちの7.2億ドル）のみがインターネット購入による売上増加分に相当し，2002年迄に6.5％までわずかながら成長するとの予測がある。（Jupiter Communications社，1999年8月[234]）また，ネットオンライン買い物客の意見ではコンピュータ接続のない小売り店での支払いを減らし，オンライン小売店でより多くの支払いがな

されると予測されている。(NFO Interactive 社：オンライン市場調査会社，1999年5月[235]) さらに，インターネットが店舗ベースの小売業者の売上を侵食する傾向にある。(Merrill Lynch 社1999年3月期研究報告[236]) 個人の移動行動に影響するこのトレンドを多少は遅らせる要素の一つとして，2003年時のインターネット売上1,000億ドルのうち400億ドルはカタログ販売よりの移動分であると予測されている（Merrill Lynch 社)。

　主要な最新の購買研究結果によると，インターネットにアクセスを持つ人口の39％は自らが容易に多様な製品をオンラインで買い物できるので，実際に店頭やモールに行く回数が減少した。(Greenfield Online，オンライン市場調査会社，1999年3月[237]) 米国購入人口の60％はインターネットを使えるので，この結論は小売業者にとって重要である。(Greenfield 社，最高経営責任者，Rudy Nadilo)

　インターネット接続した消費者の70％が一部を除いてオンラインにより自分の休日の買い物をするつもりでいる。しかし，贈り物商戦がトップギアに入る10－12月期，ギフト購入を目指してサーフィンのように買物が起こるとき，主要デパートや名の知れたカタログ小売業者が最上のオンラインサイトに出店している可能性は小さい。しかし，オンラインプレゼントの買い手はウェブサイトで実店舗のない仮想店舗のみを対象に物色する。(1999年9月，Green-field[238])

　ここ2，3年内にインターネットが大部分の従来型買い物と用達しの代替手法であることがはっきりするであろう。すでに第3章で指摘したように，インターネット銀行取引と他の融資サービスの急激な成長が期待される。インターネット上の食料雑貨店での買い物に多くのサービスを提供する

Webvan 社, HomeGrocer 社, および Peapod 社などは2000年に大幅の拡張を計画している。[239] さらに, 1999年の第1四半期現在, 新車購入希望客の40％は買い物を容易にするために, 既にインターネットを活用している。2000年の終わりまでに65％以上に成長すると予測される。(J.D. Power and Associates 8月リポート[240]) これは, わずかではあるが, 移動を既に削減している可能性がある。

　調査の対象となったインターネット買い物客のうち1/3以上は, オンラインで直接入手した情報による買い物一覧から車という項目にチェックを入れ, 決定済みとしている。これは, 顧客は冷たく動かぬデータのみで自動車の選択幅を狭めることなく, 乗物をテストすることを望むものであるとする製造業者や小売業者にとってはその期待に反し, 凶報である。(Chris Denove, J.D.D. Power 社)

　"今日, 多くの自宅機器がネット上で売られるようになった。しかし, 消費者が自宅の状況と都合に合った洗濯機や皿洗い機を購入したいと思うのは当然のことではないだろうか？　一度流通チャンネルが確立し消費者の信頼が高くなると, それに応じて実情も変化するに違いない。消費者が店頭で皿洗い機を購入し, そのまま持帰ることは異例である。そこで, もし消費者がインターネットを通して, 店頭購入に比べてほぼ同じ時間内に, いやそれより速く皿洗い機の設置ができれば, そしてネットが製品に関する十分満足できる程完全な情報を提供し得る限り, オンライン購入に傾くのは当然である。オンラインで購入の対象としては, ワイン・犬の餌・水などはもとより, あえて注意深く眺め回したり, 触ったりする必要がない製品がすべて, オンライン購入の対象とな

りうる。"(Sir Richard Greenbury, 英国百貨店 Marks and Spencer, 代表, Harvard Business Review, 1999年中期号[241])

多くのオンライン小売業者は，販売技術を向上するために，日夜努力している。例えば，Lands' End 社は，あたかもモールへ友達と一緒に行く感覚をもたせるため，同社は二つの新しい機能を追加した。(1999月の CNET News.com[242])：

(1) "Land's End Live" を通して，顧客と一緒にサイトを熟読し，顧客の個人的な援助依頼を処理する。Lands End のアシスタントはスタイリストとしてチャットで質問に答え，同じウエッブ画面を見ながら携帯同士で質疑し応答する。
(2) "Shop With a Friend（友達と買い物に行こう）"システムにより，離れた2人が，同じホームページをブラウズして，チャットで価格を比較し，意見交換ができる。

移動時間は"エネルギー"である

"自由な時間は限られており，新しい生活が始まると古い生活は消え去るべきものである。"(1999年 OECD リポート[243]) 今後，益々多くの人口がより長時間をインターネットによる"用足し"や情報収集などに時間を使い，車の運転時間を切り詰める人が増加するであろう。仮に，社会が一部の既存の輸送からインターネットに切り替えるとすれば，エネルギー節約のためではなく，主として便利さや時間節約といった目の前の利益のためであろう。エネルギー節約は，二次的利益に過ぎない。

しかし，そのエネルギー節約量は小さくない。エネルギー使用とライフスタイルに関する代表的な研究結果の指摘によると，車で過ごす時間のエネルギー消費を，同じ時間につき比較すると，会社事務所では1/8，自宅では1/12の消費に過ぎない。[244] 更に，ある人が旅行中のときも，当人の自宅では，常時それ相応のエネルギー消費を伴うが，車の場合は運転時のみエネルギーを消費する。それゆえに，車移動よりもむしろ余分の時間をオンラインで使うことにより，エネルギー効率は12倍向上する可能性がある。

インターネットの活用による時間節約は通勤と買い物で著しい。あるAT&T支店で，50分/日の通常通勤より新しい電子通勤に変えた人は平均的に年間約5週間の時間的余裕が生まれた。（Harvard Business Review[245]）マサチューセッツ工科大学のスローン経営校（Sloan School of Management）のある演習教科では，経営学修士学生70人に，CDの購入経験についてインターネットの場合と伝統的な小売点の場合を比較する課題を提出した。移動，検索，購入時間にに関する比較結果によると，伝統的な量販店に比べインターネット直販では買い物時間が35分短いことが判明した。[246]

品物を眺め歩きながら買い物経験を楽しむ人も多いが，そうでない人も少なくない。

"2歳半の息子とスーパーへ買い物に行くとしばらくすると，必ずいらいらし始めると言う34歳の2児の母Allison Martin（Portland, Ore.在住）によると，ここ数カ月，彼女はサイトHomeGrocer.comを通して，週100ドル規模の購入をしている。その結果，彼女の毎週の買い物は2時間に及ぶ地獄から，パソコン上でのゆったりした15分間に変わった。それらを配達してくれる（75

ドル以上の買い物は無料配達の制度がある）スーパーにいる時間は10分間も掛からない。しかも時間の余裕ができた彼女は幼児の両親が消火の義務を負うべき火災現場にも，いざとなれば駆けつけ義務を果たすことができる。"つまり，食糧雑貨の電子市場での買い物は欠点もあるが，疲労困憊した買い手のうち，さしあたりは行きたくないと思うものにとってインターネットの魅力には抗し難いものがある。(John Dodge, インターネットコラム，Harried Shoppers Are Ready To Buy Groceries on the Web, (急ぎの買い物客はWebの上での食料雑貨購入を躊躇しない)，the Wall Street Journal)。

　類似の揶揄がある。1998年の中ごろ，Wal-Martの会長がWal-Martは「世界中の消費者の一社会経験」であるとしきりに主張したが，そのWal-Martの10万平方フィートのスーパー建物の空間を縫って，ネット入手が容易なシリアルやトイレットペーパー，石鹸やブランド製品を見て歩き，カートを押すことのどこが消費者の一社会経験であるのか？　との反論がある。(Mark Borsuk, Real Estate Transformation Group社．専務取締役[247]）当然，今ではWal-Martも自らの販売ウェブサイトを持っている。

　消費者が100％モールへ行かなくなる事態は無い。しかし，毎週末に行く必要は無く，2, 3週に一度で良いと感ずるようになるに違いないと考えられる。(Craig Schmidt, Merrill Lynchs)

インターネットが自家用車利用に及ぼす影響

　車の運転時間がインターネット操作時間により代替されるとすると，大きなエネルギー節約が期待できる。しかし，人が移動する目的は，ただ単に地点を替えて先方で特定の活動を遂行することのみではない。[248]　移動に伴う多くの意味合いが発生し，それを楽しむこともできる。とは言え，人々が日用品や食糧を買いに出かけたり，通勤をするのは自ら好んでしているわけではない。[249]　したがって，インターネットにより代替された時間があらためて近くの徒歩移動や，長距離移動であれば乗用車，航空機利用に置換されたとしても不思議ではない。すなわち，いずれにしてもこれまでの移動形態が消滅することはないであろう。

　通勤や仕事についても同様であって，インターネットが小規模・自宅オフィス（Small Office　Home Office＝SOHO）の要素であるものの，それに専従する勤労者向けテレコムの情報通信の設計は今後の課題である。すなわち，週に数回の連絡では済まず，インターネット遠隔電子通勤者に分類されることとなる。事実，NTT社，IBM社などの社員の多くはその範疇で仕事をしている。

　そして，インターネットにより，これまでの自営業は"インターネット創業家（Internet entrepreneurs）"ともよぶべき範疇に事実上生まれ変わることになる。いずれにしても，彼らはこれまでとは異なり，今後，仕事上で移動することは少なくなる。同時に，ほとんどの買い物・銀行取り引き・私的な移動行動等々につき，インターネットの技術操作でオンラ

インで処理するようになるだろう。したがって，インターネットはかつて通信と移動に存在した相関関係を変革することになるであろう。自家用車の利用は将来とも増加傾向にはあるものの増加率は頭打ちとなろう。このような環境に慣れていない過去の会社員である中間管理職にとっては遠隔電子勤務は好ましくない変化である。(Harverd Business Review)，しかし，20代の社員はいずれにしても個室で仕事をした経験はないので違和感を持たない。(Lorrenn Frenton, IBM North America, IT担当副社長[250]) オンライン買い物についても同様である。世代X（Generation X, 1961−71年生まれのベビーブーマーの世代）の殆どが買物をオンラインで行っている。(Greenfield Online 社, 1999年10月[251]) したがって，彼等の所得が増えれば増えるほどオンライン購入も増加するであろう。

可能性の高いシナリオの一つは，

"「情報技術に対する姿勢」に関し，収入・教育・情報主導・生活スタイルなどのレベルにより，2003年までに2種類の消費者グループに分割されることであろう。第1のグループはニーズの多様化（買い物・銀行取り引き・投資・教育・娯楽・仕事）にあわせて，複数の情報機器（プラットフォーム）を駆使して，常時インターネットを利用する人々である。第2のグループは最低限必要に合わせて利用する人々である。この傾向が終わる約10年後，第2のグループも第1グループに収れんすることとなろう。"（Shelley Morrisette, Forrester Research社[252]）

インターネットにより個人の移動は減るものの，輸送量全体が減少するわけではない。インターネットで直接配送できるものは情報商品に限られ，その他の購入した商品の大部分は消費者の手許まで配送されねばならからである。インター

ネットの物流に及ぼす影響を見るためには，企業輸送がB-TO-C EC や B-TO-B EC により物流が如何に変化するかを見なければならない。

企業間物流

インターネットが及ぼす企業間物流に対する影響分析は，消費者の移動行動への影響分析以上に困難である。このテーマは米国において過去十分な調査分析が行われたことがなく，認識も不十分な領域の一つである。

情報ギャップの著しい分野として，以下のようなテーマがある。
- Just-in-Time の形態様式と動向。
- 北米自由貿易協定(North American Free Trade Association = NAFTA) における流通の現状と将来
- 国際物流
- 都市内，都市間における物流量分布
- 国際物流のうち陸上輸送状況
- 国内および国際的都市間旅行，観光需要
- 新規の主要貿易回廊における物流

(Alan E. Piesarski,1999年2月におこなわれた，"陸上輸送の現状と将来動向"に関する米国議会公聴会での証言[253])

これらに関するデータが無ければ物流に対するインターネットの影響の分析は困難である。以下，より深い研究を必要とする分野に関しキーポイントを述べる。

B-TO-C　物流：

　過去の用達的移動が削減されることは自明である。それに伴う企業活動がエネルギー消費の増加に繋がらないのであれば，エネルギー消費原単位が減少し，正のエネルギー節約・環境保全効果をもたらすことであろう。しかし，B-TO-C EC に関る企業物流に負の効果も指摘できる。すなわち，対象商品を拡大させるインターネット取り引きは物流量を増大させるのみならず，よりエネルギー集約的輸送形態である時間指定型宅配輸送形態の利用，国際的長距離輸送量の増大につながることである。

(1) 物質の電子情報化（e-materialization）：

　物質の電子情報化が可能な商品やサービスでは輸送エネルギーは大幅に減少する。1999年 OECD レポートによると，銀行取り引き，ソフト，旅行の代替など電子配送が可能なアイテムにあっては，50-90%の削減が可能である。[254]　プログラムソフトの実物配送が1件15ドルであるに対し，インターネット配送では0.2ドル-0.5ドルに過ぎない。類似の商品としては，新聞・カタログ・電話帳・雑誌・ダイレクトメール・請求書・挨拶状・書籍・音楽などがあり，事実，書籍と音楽が増加している。2003年までに，270万トンもの印刷紙が節約されると見積もられている。20万台の配送車を抱える米国の郵便局が印刷物の配送の需要損失が輸送燃料節約の顕著な貢献に繋がることになる。

　さらに，店頭販売の大きな目的の一つは商品比較であり，歴史的に必要であったが，インターネットにより情報が電子情報化されると不要となった。新車の購入希望があり最低価格情報を入手したいとき，購入探索を必要とする買手数より

考えても，エネルギーと時間の節約は自明であり効果は顕著である。

(2) **B-TO-C EC の物流を伴う購入活動の等価代替機能：**
　これすなわち，B-TO-C EC では御中元やお歳暮などの贈答品はその季節に先立ち遠隔地で購入されても，商品の発送場所・配送時点の同一性は必ずしも無い。大型設備，家具，スポーツ機器など店頭よりの搬出配送が困難な商品についても同様である。ここでは販売店の輸送は増加するものの，店頭販売量は少なく，買い物目的の個人移動が削減される。事実，条件によっては，販売物流は減少する。例えば，バージニアの住人がカリフォルニアの親戚にクリスマスプレゼントを送りたいとき，同等品を西海岸にある商品倉庫または生産者から直接配送することが普通である。仮に，購入品をそのまま送る条件では，生産者より，小売店，物流業者を通してカリフォルニアに向け輸送依頼することになってしまう。この例の場合，インターネット購入は消費者と企業両者間の物流の簡素化に貢献すことになる。これが，単なる電話販売やカタログ販売では，物流の大幅削減にはならない。

(3) **B-TO-C EC と時間指定宅配便：**
　エネルギー集約的物流であるトラック便を貨車便または船便に代替するとエネルギー使用量は25％ないし20％ですむ。すなわち，2,000BTU/トン・マイルから400－500BTU/トン・マイルとなる。一方，トラック便を飛行機便にすると，14,000BTU/トン・マイルとなり7倍である。衣料販売 Patagonia 社によると，物流費用は製造販売費の6％であるが，翌日配達宅配便にあっては28％にも達する。[255]

第5章　インターネットと輸送部門

　消費者が理解すべきポイントは，可急性が無い限り時間指定配送を選ばなければ，電子商取り引きにおけるエネルギー節約性・環境保全性を最適化できるということである。重量5ポンドの商品2個を2箇所のモールで購入し合計20マイルの自動車運行をすると，1ガロンのエネルギー消費する。しかるに，これらの荷物を1000マイルに及ぶトラック輸送しても，0.1ガロンに過ぎない。これを飛行機輸送すると，0.6ガロン消費する。これらの数字は極めて大雑把であるが，飛行機便翌日配達を前提とする B-TO-C EC であるとすると，オンラインショッピングのもつ物流コスト削減・エネルギー節約・環境保全効果が消失の恐れがある。[256]

　この第3の要因は複雑である。今のところ今後支配的となる電子商取り引き市場モデルが未確定であり，既存の小売り業独自の物流システム効率にも依存する。書籍など長距離輸送が前提の商品であれば，卸売り業者より消費者への直接配送モードが可能であるが，これが通常の書籍店の配送センターを介する書籍店販売の単なる態様追加であるなら，企業物流の増加につながる面がある。しかし，総合的な評価分析はやはり困難である。

　食糧品などのように短距離配送の場合には，インターネット取り引きにより企業配送が増加することは確かであるが，量的には束ね工合に依存するところが少なくない。仮に，多種多様な配送トラックが四六時中，個別の配送のために訪れるのであれば，エネルギー効率は悪化する。一方，多くの企業が共同配送を希望しているものの，どのマーケットモデルに収斂するかにより企業淘汰に要する時間も予想以上に長時間となりがちである。[257] Peapod's 社では，クリーニングやビデオの配送モデルも計画中である。(Mike Brennan, Peapod's 社[258])

他の業者は，食材・半調理食品・ペット用食品・切手・ドライクリーニング・ビデオ/ゲームレンタル・現像/印画・ペットボトル飲料水・宅配便集荷/配送，など広範囲に及ぶ商品やサービスの直接配送を計画している。[259] 今後，長期的には，定期的な確実配送システムが前提である定期購入品(ペット用食品や書斎用文具，ビタミン剤や健康食品など)の翌日配送などは不必要である。電子媒体機能が社会的に発展する中にあって郵便局が通信業務の衰退過程にある一方，既存の個別自宅配送の基盤がすでに確立・維持されている以上，広範囲な商品サービス配送は郵便局の果たすべき役割として期待できる。郵便配達人は事実上毎日各自宅訪問の能力があるので，かりに新しいTシャツの個別販売であっても，比較的効率が良く，経済的であり，かつ省エネルギー節約・環境保全的にも有利な条件にある。(Brand Allenby, AT&T社環境担当副社長[260]) 事実，Amazon.comでは商品の65%を郵送している。[261] しかし，郵便サービスはユナイテッドパーセルサービス（United Parcel Service＝UPS）社をはじめとする主要な物流業者の挑戦を受けている。物流業者にとって燃料費が全コストの主要部分を占めるので，効率の最適化は最重要目標である。輸送用車として，これらの企業は率先して代替新燃料車や高効率車を積極的に採用している。さらに，配送路計画法や時間計画法など経営工学の適用の結果，仮に10%の荷物増加があったとしても，1車あたり走行距離（VMT）は5%の増加に止まる。[262] このように複雑な要因があるのみならず，インターネットが著しく配送サプライチェーンに影響し，いずれの部分を対象とするライフサイクルアセスメント（LCA）解析も極めて複雑であり困難を極める。

(4) インターネットが国際貿易に及ぼす影響：

遠隔地の商品情報を入手し，商品購入することが容易になればなるほど，輸送システムのエネルギー消費が増大する。長年米国では外国製品の輸入量の増加が急ピッチであった。1950-85年にかけてGNPあたりの輸送量（トン・マイル値）がゆっくりと確実に減少してきたに拘わらず，1985-95年にかけて上昇に転じた理由の一つとしてインターネットビジネスの増加が考えられる。（Alan Pisarsky, 交通輸送専門家[263]）実に多様な商品が輸入されているので，B-TO-C ECの影響を分離して，明確にできるとは考えられない。（B-TO-B ECでは考えられる。）

米国の全輸入に占める最重要な輸入品は金額的・重量的に原油である。1990年代，原油の輸入は年額ベースで500億-700億ドルであり，最近の輸入量は10MBD（Million Barrel Per Day）を下回らない状況が続いている。したがって，仮に，インターネット経済が輸送エネルギー原単位を下げるとしたら，国際貿易にそれが与える唯一かつ最大の効果は輸入増加の抑制であろう。かつて2010年までに，50％の輸入量増加が見込まれていたのである。逆に，インターネット経済が輸送エネルギーの原単位を押し上げるのであれば，原油輸入は増大し，さらに，エネルギー原単位も増大することとなる。[264]

電子商取引企業間物流：

B-TO-C ECに比べ，取り引き額で5-10倍多い企業間電子商取り引きB-TO-B EC関連の物流エネルギーに与える影響はB-TO-C ECの場合と比べて格段に大きいものであろうと考えられる。しかし，この分野の基本情報は不十分である。そこで，影響の顕著な分野の概要を述べるに止める。いずれ

にせよ，先述の如く，より多くの研究が必要とされる分野の一つである。

　第4章で述べたように，米国における B-TO-B EC は数年後1兆ドルの大台に達すると見られるが，サプライチェーンマネージメント（Supply Chain Management＝SCM）の適用の結果，在庫削減25－35％に達し，それは，2,500億－3,500億ドルの節約に繋がるといわれている。在庫の主要コスト要因は物流であるので，在庫コストを抑制することは輸送エネルギーコストも縮小する。

　とは言え，在庫縮小の理由の一つはジャスト・イン・タイム（Just In Time＝JIT）生産である。JIT 生産とエネルギー消費の関係の研究は少ないが，配送の時間短縮の目的でエネルギー集約的輸送交通機関であるトラックや航空機が指定利用される。[265] また，空容量を残したトラック輸送が多くなるなどの特徴がある。エコノミストによると，JIT 方式の結果米国中トラックの半分は空車で走っていると言う驚くべき事実に繋がっている。(Economist[266])

　しかるに，インターネットの底力は全体としての生産性の総合的向上能力にある。すなわち，前節で述べたように，需要予測・自動化による品質の向上・不良品の削減などがもたらす劇的なエネルギー節約・環境保全効果である。資源節約性は環境保全の観点では，エネルギー節約策であり汚染防止策でもある。死に筋で売れない商品を流通経路に載せる状況は最大の輸送エネルギー浪費に繋がる。厳しい条件下での成長持続を余儀なくされている米国ビジネスは，必要時生産を慣習化しつつある。（9月期レポート，Pricewaterhouse Coopers[267]）例えば，返品率の高い商品例は書籍であるが，返本を縮小ないし全廃する手法として，インターネット書店・オンデマン

ド出版・電子書籍が採用されれば，納品，返品の双方向で輸送が削減できる。同様の事例として，インターネットにおいては，誤発注が少なくなりその結果発生する双方向の不要な輸送に関する浪費エネルギーを削減できる。企業としては，設計図・送り状などを電子情報化することにより，それらの輸送の必要も無くなる。

　　　あらかじめ，必要な輸送計画の公示システムと，企業内輸送を請け負うサードパーティー（第三者）への依頼により，往路トラックは満載となる。帰路も同様である。すなわち，必要輸送のみとなる。既に，日本のスーパーマーケットの経験では，その結果20％配送回数が減少したという。（1999 OECD レポート）

　また重要なことは，インターネット商流により仲介業者としての卸し業を回避できることである。第3章に述べたように，ホームデポ（Home Depo）社の場合，85％の家具商品は製造業より直接小売り業に配送が可能であり，かつての倉庫の必要性は無くなった。しかも，家具の場合，容量が大きいので満載輸送の経済効果は大きい。[268] 一般的に製造業者より，耐久消費財の場合，小売業者ないし消費者への直接配送が可能であれば輸送効率は最大となる。

　この報告書のあらゆる部分で見てきたように，一般的にインターネットは経済活動のあらゆる分野で，資源利用効率を向上させる可能性をもっている。輸送部門も例外ではない。米国高速道路を走る非満載トラックが槍玉になっている。UPS 社や米国物流交易（National Transportation Exchange＝NTE）社をはじめ，多くの企業が空き荷台のインターネットオークションを進めている。世界的にみると，トラック・貨物船・貨物航空機が未満載状況で稼動している。この空容

量のオークション提供ほど変化に富んだマーケットは少ない。(Ken Lyon, UPS Logistics Group 社情報システム主任, Wired 誌9月号[269]) NTE 社は，荷主と輸送業の同時，同方向輸送について利害を調整し，商談を成立させる業務を開始している。

　　NTE は，各日，100人の配車マネージャーから送られてくる複数の情報に基づき，トラックの目的地と有効荷台面積の価格を決め，スポット市場の売買を促進する。これにより，競売にかける。落札が合意されると，NTE 社は契約書を発行し，支払い処理をする。全プロセスに掛かる時間はほんの数分に過ぎない。最後に各取引値に基きコミッションを集金する。トラック運転管理者は機会原価に比例する追加収入を得る。運送業者は契約のために柔軟性の一部が犠牲になるものの最高値の落札価格を得る。(Economist[270])

　仮に，今後10年間，オンライン競売が平均10%/年増加し，それに比例して道路上の積荷トラックの全負荷量が増加すれば，輸送エネルギー原単位も増大し影響が大きい。実は，無駄を省いているためにそうにはならない可能性がある。これは，エネルギー節約・環境保全型電子商取引の最適例の一つである。即ち，エネルギー節約と環境の利益を最大化する電子商取引となる。

　一部の航空会社は，類似の競売で切符を販売し成功している。アメリカン航空（American Airline）は生産管理の産業界リーダーの一つであるにもかかわらず，切符販売市場で多くの売れ残り座席を残していた。インターネット出現以前，航空会社には，これら座席を出発間際に販売可能な単純かつ高利益の販売方法が無かった。今では，週末旅行をする旅行

第5章　インターネットと輸送部門

の未購入者市場向け条件付割引低料金を列挙した電子メールを航空会社から毎週100万人以上のネットサーブ（NetSAAver）誌の購読者にあて送付し，希望者が購入するシステムをとっている。1996年3月に始まったこのプログラムは，1998年中期までにアメリカン航空のために1,000万ドル規模の売上を達成した。[271]

　B-TO-B EC では B-TO-C EC 以上に格段に長距離の国際取引と輸送が助長されるので，輸送エネルギー原単位を増やす傾向があることは間違いがない。そして，いかに国際関係取引が近年に急速に成長し，また，いかに米国の輸入が急上昇したかが分かったとしても，国際化とインターネットのもつエネルギー節約・環境保全効果の複雑性を分析することは難しいだろう。

　長距離輸送分野にあってインターネットのもたらす利益の一つは，インターネットが紙や鋼材のような高輸送コスト資産を物々交換することを許容することである。[272]　例えば，かりに，カリフォルニアのある会社がジョージア州の会社から紙を購入しようとする場合，さらに，オレゴン会社から同じ種類の用紙を購入希望するニューヨークの会社があったならば，バイヤーを切り替えることが可能になる。そこで，最終結果は大陸横断2回の輸送に代わり，正味短い2回の輸送ということになる。Paperexchange.com は，将にこの種の効率の向上を促進するサイトである。さらに，この材料交換を NTE の輸送交換とを統合することにより，全体効率を最大限にすることが可能である。（Roger Stone[273]）

　最後に，物質の電子情報化がある。これにまさる汚染防止策がない以上，電子情報化が最大のエネルギー節約・環境保全効果を持つであろう。上述したように，仮に，製造業者が

受注生産により生産過程における人的ミスを削減できれば，原材料原単位（原材料/ GDP）を低下させ，少数の製造工場の新設で済むことになる。そして原材料が輸送対象の最重量商品であるとすると，たとえ極めて小さい節約であっても，輸送エネルギー原単位に対し，多大のエネルギー節約・環境保全効果が期待できる。そして，仮に EC が建設量の輸送原単位を減らすものであるとすると，建設が極めて輸送集約的であるので，これもまた顕著なエネルギー節約・環境保全効果を持つであろう。殊に商用ビル（および，製造工場）の建設は，輸送単位あたり重量最大品目である多量の鋼材とセメントが基本材であることに留意すべきである。

遠隔電子会議：

　複数の分析結果より，ビデオ遠隔電子会議と航空機旅行を比較すると，エネルギー消費と温室効果ガス排出に関し，前者は後者の1％以下であることが分かっている。

　一部のハイテック関連会社ではすでにこの遠隔電子会議を採用し始めているので企業の出張旅行が激減している。例えばテリア（Telia）社はヨーロッパの代表的な電気通信会社であるが，1998年に持った34,400回の遠隔電子会議は1995年にくらべ3年間で3倍以上の伸びであった。その結果，同社の出張回数は1997年のレベルから12％削減され，同年は15万回弱の出張回数となった。[275]

　インターネットの急速な成長以前の分析結果によると，ビジネス出張の一部が代替できる遠隔電子会議の効果は顕著であり[276]，ハイテク技術代替でビジネス出張の25％までを削除できるとの分析結果がある。[277]

　遠隔電子会議のエキスパートが指摘するように，遠隔電子

第5章　インターネットと輸送部門

通勤のためのメディア選択枝として，インターネットの活用に多数の利点がある。

中でも，企業は，広範・普遍的なブラウザー技術・益々増大するプログラマー間のジャバ言語使用・多地点高度遠隔電子会議オプションの使用・高度な意味を含む規格の開発などで供給者間の協力を得て，顧客に対し，新技術のもつより高機能で即応答性の「実時間」会議配送能力の提供が可能になるであろう。[278]

IDC社によれば，かつて価格が7万ドルもした全室ベースのビデオ会議装置が今日ではスマートかつ滑らかな外形の卓上型設備と小型ビデオ会議解決システムが技術として魅力的なものとなり，広範囲のユーザーにとって利用可能なレベルのものとなっている。[279]　今日，市販の多数のビデオ製品は実に30フレーム/秒の性能をもつ実時間型高性能ビデオである。IDC社の予測では，平均的な市販デスクトップビデオ会議設備の平均価格は2003年までに850ドルまで下がるであろうと言う。

航空機旅行での座席獲得問題や飛行機の遅延問題などがメディアでとりあげられることがしばしばある。これに関連して指導的な政治家は乗客所有権法（Passenger Bill of Rights）を提案上程した。しかし，航空機旅行が多くのビジネス出張者にとって益々期待外れになるに従い，その代替案の質が劇的に良くなりつつある。ビジネスにおいて，コストを削減し，通信のスピードを高め，チームワークの改良を企業が目指すにしたがって，デスクトップの遠隔電子会議がユニークな利益を提供することになるであろう。[280]

しかし，この次世代遠隔電子会議のために，今後10年間の予測される航空機旅行の成長が遅くなる可能性について言及

することは時期早尚である。つまり正味正のエネルギー節約・環境保全効果を与えないで終わる可能性も否定できない。すなわち，遠隔電子会議のために起こる航空機旅行の減少は，一つには遠隔電子会議を通して知り合った多くの人々との面会希望を満たすために増加するであろう誘導需要により相殺されることは確実と見られる。

　一方，インターネット遠隔電子会議にとって追い風となる二つの"ネットワークの経済効果"がある。

(1) ビジネスのみならず個人へのIT設備導入と高速接続促進による急速成長の結果，ビデオ遠隔会議を広範囲に利用する人口が大幅に増加した。IDC社によると，デスクトップ或いは簡易ビデオ会議用設備の出荷台数は，1999年の40万台から2003年の210万台に着実に成長すると予測している。また，敷設/計画されたベース端末は，1998年の60万箇所から，さらに2003年には420万箇所以上に増加すると推測している。

(2) 実勤労者と管理職に入る人口で，パソコン上の双方向通信環境で育った者の人口割合が増加しつつある。

　　この世代の子供はWWWをチェックしながら性能の良いパソコン上で宿題をしてきたので，入手できた即時情報と評価結果に対して違和感がなく，彼等にとっては当然のことと見える。したがって，会社に入ってからも，インターネットと企業のイントラネットを通して知識全体を強化できる。2，3回のマウスクリックでウェブサイトを訪れる作業は，社内の専門家に電話をしたところ不在で折り返し電話を待つと言う過去の行動にくらべ，分かりやすい作業である。ウェブ年代はインタラクティブ（双方向）テレビゲームで育ったので，パソコンに触

れることは，そよ風に吹かれるようなものである。オンライン・チャットグループに参加経験をした者が，パソコンへのカメラ接続を経験することは，次なる論理的な経験ステップとみてよい。したがって，実時間のビデオコミュニケーションは，革命というよりは進化である。
（Evan Rosen[281]）

　仮に，この世代の若者が遠隔電子会議の活用を視野にいれ始めれば，輸送エネルギー原単位に対するエネルギー節約・環境保全効果は膨大なものであろう。

第6章

結論：
エネルギー節約・環境保全型電子商取引

EEEC：

　ここ数年間の信頼度の高いシナリオは，インターネット経済が消費者に与えるエネルギー節約・環境保全効果の指標である全部門のエネルギー原単位を有意に減らすことであろう。それは，技術進歩・多大の企業投資・ネットワーク・および，パソコンを友として成長した世代の実勤労者数の増加によって支えられている。これは，今既に始まっており，今後加速される可能性がある。たとえ，エネルギー消費が今後10年間上昇し続けたとしても，インターネット経済は，従来の経済成長ほどエネルギー・資源消費を必要としない特異な成長を許すかのように見える。インターネット経済のもつエネルギー節約・環境保全効果とその他のトレンド（企業によるエネルギー外注と，地球の温暖化防止対策向け企業行動）とを結びつけて考えると，1997年から2007年までの10年間，米国は，1.5％，いやひょっとすると，年率2.0％以上のエネルギー原単位（エネルギー消費/GDP）低下を達成する可能性があると考えられる。

　我々は，物質の電子情報化はパルプと紙，建設，および，

建設のために必要とされる材料生産を含め，最大のエネルギー集約的な産業部門である製造部門に当然最大のエネルギー節約・環境保全効果を及ぼし，最大の影響を受ける可能性があると予想する．また，仮にB-TO-B ECの売上が2，3年後，実に1兆ドルを上回るとすると，製造費に含まれる多くのエネルギー関連コスト（在庫，生産過剰，および，歩留まり）が削減されるはずである．より深遠なレベルでは，IT革命とインターネット経済が資本の機能を深化させ全部門の生産性を増やし，結果的にエネルギー・資源の利用効率が向上するであろうと見られる．

　商用ビルでも多大のエネルギー節約を達成するであろう．インターネット遠隔電子通勤者は，オフィスでの時間をほとんど過ごさない勤労者や100％の自宅勤労者が急激に増えている状況で，遠隔勤務は，経済活動指標の一つである1人当たり勤労者の必要オフィススペースの平均量を有意に減らすであろう．すなわち，B-TO-C ECの進展につれて，小売面積原単位（面積/売上）は有意に低下するであろう．銀行や郵便局のような特定の小売企業も多大の影響を免れえない．これらの節約の一部は長時間インターネット利用に必要な設備の消費エネルギーによる相殺が指摘された．しかし，詳細分析の結果その現象が支配的であるとした初期の報告には重大な誤りがあり不充分であることが判明した．

　輸送分野は多くの複雑な要因が関係しており，分析が最も難しい分野である．大部分のインターネット購入に基づく輸送エネルギー節約は無統制の宅配により発生するエネルギー消費によって相殺される恐れが極めて高いと考えられる．この問題の解決の1案としては実質的に全ての自宅を毎日1回は訪問しうる郵便局方式を主要配送手段にすることが考えら

れる。一方，我々はいくつかの分野で節約に大きな可能性があると考える。中でも，遠隔勤務の増加は最重要である。インターネットによる今日の"遠隔電子通勤者"は一昔前の"遠隔電話通勤者"に比べ通勤時間がより短くなる傾向がある。100％自宅ベースの勤労者の場合，ほぼ100％に近い輸送エネルギー消費節約特性がある。"遠隔電子通勤"はまた，都市のスプロール化による移動の増加というエネルギー節約・環境保全にとって逆効果現象の発生を阻止する特徴がある。

　脱物質化が輸送分野において完璧な汚染防止策である。我々は，数年後には数百万トンの紙と建設資材（物質的である）の輸送を削除できるかもしれない。ある意味では，(1)輸送品トンあたりのGDPを増やすような"物質の電子情報化(e-materialization)"と(2)トン・マイルあたりのエネルギー消費を増やすスピードの増加，並びに，貨物輸送の全体のマイル数を増やす国際取引の拡大の両者が競合関係にある。B-TO-B ECは，一方ではスピードのニーズを増やすが他方では一部の輸送需要が100％解消する。同様に実時間情報を最大限に活用することにより，輸送システムの容量の稼働率を向上させる機会にも恵まれる。輸送部門は，ここ10年以上もっとも急速なエネルギー消費成長が予測される部門である。インターネット経済でさえその成長を止められないとしても，少なくも大幅に遅延させる可能性を持っている。住宅ビルもエネルギー消費の増加を避け得ないと見られる。自宅でパソコンのような電力消費型設備を使い，買い物等のアクセスにインターネット（業務用を含め）を利用し，より多くの時間を過ごす人々が益々増加するだろう。

　仮にインターネット経済がこのようなエネルギー節約・環境保全効果を持つとすれば，過去の経済モデルで取り上げら

れた諸要因の大部分，例えば，エネルギー原単位，建築量原単位，紙消費原単位，さらにインフレーションに与えるGDP成長影響などの変更が余儀なくされる。合衆国における発電所が次の10年間で何基建設されるべきかと言った，重要な国家計画や，温室ガス削減の達成に必要な国家予算は変更の要があるだろう。同時に，これらのトレンドは絶え間無く変化しており，環境の収益の最大化を目指す企業並びに政府の努力が影響を与えるであろう。殊に，同じ住宅地への小包配達数を最小にし，エネルギー節約・環境保全効果を最大にする方法があれば，価値が高いと見られる。

　以上の理由により，上記のトレンドの全てはいずれもさらに深く研究するに価する。

　我々は，政府機関と主要な産業グループに1990年代の支配的トレンドを分析し，関連データの追跡を始めることを要請したい。エネルギー省，運輸省，米国環境保護局，および，商務省はインターネットと環境に関する専門チームを発足させるべきである。我々は，また，主要IT・インターネット専門会社が，どうすれば環境保全型選択枝をさらに増大できるか理解につとめることを希望する。我々は，見かけのみでなくIBMを始めとする企業が達成したような，より深化した排出削減戦略を達成するにあたり，ITとインターネット経済を活用した方法論を分析するよう，環境影響を減らすことを目指す全ての企業，業界に申しあげたい。

　最後に，我々は消費者に申しあげたい。ECが環境影響を最小にすることができる方法であると理解していただきたい。本研究は，エネルギーと環境の面でECが実に多くの利益を持っているかということを明らかとした。消費者がインターネット上で買い物をする時，事情が許す限りもっとも遅い配

達方法を選ぶことによってそれらの利益を最大限にすることができる。将に，それこそエネルギー節約・環境保全型電子商取引（eee-commerce）を創造するものとなるであろう。

参考文献

1

Alan Greenspan, "High-tech industry in the U.S. economy（米国経済におけるハイテク産業）," Testimony Before the Joint Economic Committee, U.S. Congress, June 14, 1999, www.bog.frb.fed.us/boarddocs/testimony/1999/19990614.htm［以下, Greenspan, "High-tech（ハイテック）," June 1999］.

2

Andrew Wyckoff and Alessandra Colecchia, The Economic and Social Impact of Electronic Commerce（電子商取引のもたらす経済社会的影響）, Organisation for Economic Co-Operation and Development（OECD）, Paris, France, 1999, www.oecd.org/subject/e_commerce/summary.htm　［以下 OECD1999.］

　文献の引用に関して，本報告書では，OECD研究の場合（同書 p.26）と同様の立場をとっている。すなわち，本報告書では，学術的な仕事と堅実な統計上のデータに可能な限り依拠しつつも，電子商取引にとって必要な限り等速で変化している現象に対するマクロ経済的影響の洞察を増すため，私的なデータ源・専門家の意見・発行部数の大きい新聞記事・トピックス的統計等に頼ることもやむなしとしている。

3

Energy Information Administration（EIA）, "Emissions of Greenhouse Gases in the United States 1998（1998年時点に

おける米国での各種地球温室効果ガス放出量)," U.S. Department of Energy, October1999, www.eia.doe.gov/oiaf/1605/ggrpt/index.html

4
最近の地球温暖化現象，並びに合衆国に対し起こり得る影響に関し，専門科学者たちの認識に興味のある人たちにとって役立つ包括的な論文として，Tom Wigley, The Science of Climate Change（気候変動の科学），Pew Center on Global Climate Change, June 1999, Arlington, VA, www.pewclimate.org/projects/env_science.html がある。

5
OECD1999, p.31.インターネット経済を精査するに当たり，問題となるデータに関する包括的議論については，John Haltiwanger and Ron Jamrin, "Measuring the Digital Economy（デジタル経済の計量," Center for Economic Studies, U.S. Bureau of the Census, Department of Commerce, May 1999, http://mitpress.mit.edu/UDE/haltiwanger.pdf

6
定義に関する議論については，OECD 1999, pp.28-29.

7
この問題に対する初期の論文は，David Rejeski, "Electronic Impact（電子情報化の環境影響)," The Environmental Forum, July/August 1999, pp.32-38, 並びに Nevin Cohen, "Greening the Internet（環境保全型インターネット)," Environmental Quality Management, Fall 1999.より広範囲の問題に対するオンライン意識調査は，"Is IT [Information Technology] kind to Planet Earth？（IT（情報技術）は地球に優しいか？）" は iMP Magazine 誌の1999年10月号，www.cisp.org/imp/october_99/

10_99contents.htm これには Cohen の論文が含まれている。また，European Commission Working Circle on Sustainability and the Information Society, Contributions of the Information Society to Sustainable Development, European Commission, Brussels, 1995, www.faw.uni-ulm.de/sust-info-society/も参照のこと。

8

例えば，布オムツと使い捨てオムツ，あるいは，紙袋とプラスチック袋の比較分析について，Michael Brower and Warren Leon, The Consumers Guide to Effective Environmental Choices（実効性のある消費者向け環境保全型選択ガイド）(New York : Three Rivers Press, 1999), pp.128-133.を参照のこと。

9

Greenspan, "High-tech（ハイテック），" June 1999.(既出, 1)

10

同上。

11

Lynn Margherio et al, "The Emerging Digital Economy（デジタル経済の出現），" Department of Commerce, April 1998 www.ecommerce.gov/emerging.htm [以下 Commerce1998].

12

同上

13

"Forrester Research : Over 2 Billion Orders Placed Online Annually（年間20億件以上の発注がオンラインで行われている），" www.nua.ie/surveys/ index.cgi?f = VS&art_id = 905355239 & rel = true, August30,1999.

14

Larry Downes and Chunka Mui, Unleashing the Killer App（独り勝ち応用ソフトの自由化）(Boston, MA: Harvard Business School Press, 1998), pp.23-28, この本は Metcalfe's Law について詳述している。Robert Metcalfe は the 3 Com Corp. の創立者であり，コンピュータネットワークの Ethernet プロトコルの設計者である。

15

Martin Kenney and James Curry, "E-Commerce : Implications for Firm Strategy and Industry Configuration（企業戦略と産業形態に対する電子商取引の影響），" July, 1999. Paper No. 2, University of California E-conomy Project, http : //e-conomy.berkeley.edu/pubs/wp/ewp2.html

16

Mohanbir Sawhney and Steven Kaplan, "Let's Get Vertical（縦方向に統合せよ），" Business 2, September 1999, p.85.

17

Commerce 1998, Appendix 3 (A 3), pp.27-28.これらの節約は，非製造関連用品と保守・修理・運転用品購入関連のみである。

18

"Internet Anxiety（インターネットの憂鬱），" Business Week, June 28, 1999, www.businessweek.com/1999/99_26/b3635001.htm

19

David Henry, Sandra Cooke et al, The Emerging Digital Economy II（デジタル経済の出現II）, Department of Commerce, June 1999, www.ecommerce.gov/ede/report.html

[以下 Commerce 1999と省略]. IT関連機器の製造産業の種類については，当該レポートの Table 2.1を参照のこと。

20

Anitesh Barua and Andrew Whinston et al, "The Internet Economy Indicators（インターネット経済の指標），" Center for Research in Electronic Commerce, Graduate School of Business, University of Texas at Austin, 1999, www.Internetindicators.com/key_findings_oct_99.html 本研究は多くの重要な但し書き付で出版された。具体的内容については，www.Internetindicators.com/qa.html.を参照のこと。

21

Andrew Hamilton, "Brains that Click（聡明な頭脳），" Popular Mechanics, March 1949, p.168.

22

非物質化に関する議論の歴史については，Jesse Ausubel, "The Environment for Future Business: Efficiency Will Win（未来のビジネス効率を目指す環境が勝利する），" Pollution Prevention Review 8(1): 39-52, Winter1998, http://phe.rockefeller.edu/future_business/, 並びに, Iddo Wernick, "Materialization and Dematerialization: Measures and Trends（物質化と脱物質化：手段と動向），" Daedalus125(3): 171-198 (Summer 1996), http://phe.rockefeller.edu/Daedalus/Demat/ を見よ。

23

Alan Greenspan, Speech at the80th Anniversary Awards Dinner of The Conference Board, New York City, October16, 1996, www.federalreserve.gov/boarddocs/speeches/1996/19961016.htm

24

Diane Coyle, The Weightless World : Strategies for Managing the Digital Economy（無重力の世界：デジタル経済の舵取り）（Cambridge, MA : MIT Press, 1998）.

25

同上 p. 3 .

26

Brad Cox, "Superdistribution（超物流），" Wired, September 1994, www.wired.com/wired/archive/2.09/superdis.html

27

Nicholas Negroponte, Being Digital（デジタルであるということ）（New York : Vintage Books,1996）, p.12.

28

Chris Meyer, "What"s the Matter（問題は何か？），" Business 2.0, April 1999, www.business 2 .com/articles/1999/04/content/newrules.html

29

Thomas Steward, Intellectual Capital（知的資本）（New York : Currency Doubleday, 1999）, p. x での引用。

30

インターネット取引の経費問題に関する代表的議論については，Downes and Mui, Unleashing the Killer App, pp.35-55.

31

Erik Brynjolfsson and Michael D. Smith, "Frictionless Commerce : A Comparison of Internet and Conventional Retailers（無摩擦商取引：インターネット小売業と既存の小売業），" MIT Sloan School of Management, Cambridge, MA, August1999, http : //e-commerce.mit.edu/papers/friction [以

下 MIT1999]。他の研究でも同じような結果が得られている。インターネットで販売される商品の中には却って高価なものがある。ことに高需要商品にあってはそうである。Jacob M. Schlesinger, "Wholesale Numbers Rattle Shares And Give Skeptics Fresh Ammunition 御売物価の上昇が、株価変動を促し、インターネット経済に懐疑的な者共が勢いづいている" Wall Street Journal Interactive Edition, October 18, 1999, www.wsj.com を参照のこと。

32

電子商取引関連の文献で、"摩擦"はここに取り上げた問題以上に複雑な問題である。インターネットがすべての仲介者を削除するものであるかどうか、あるいは、新しい仲介者は自分自身が取引上のコストに過ぎない者か、それとも事実上あらゆる無摩擦無取引の先導者であるか、一体そのような新しい仲介者が存在するものであろうかという典型的な問題を含んでいる。この点についての典型的議論については, Mohan Sawhney "The Death of Friction（摩擦の消失），" Kellogg Graduate School of Management, 1997, http://sawhney.kellogg.nwu.edu/（このサイトは要登録）で入手可能。

33

"The Net Imperative : A Survey of Business in the Internet ネットの必然。インターネットビジネス概観," The Economist, June 26, 1999, p.39[以下 Economist1999と略記].

34

John Jennings, "Sustainable Development（持続可能な開発），" Shell International, London, April 17, 1997.

35

Shell とそのシナリオ分析については, Joseph Romm, Cool

Companies: How the Best Businesses Boost Profits and Productivity by Cutting Greenhouse Gas Emissions（エネルギー意識の高い（冷静な）企業：温暖化ガス放出削減によるトップ企業の利益と生産性の増大）(Washington DC: Island Press, 1999), pp.16-27を参照のこと。

36
Economist, September 28, 1991. 及び Peter Senge, The Fifth Discipline（第5番目の原則（New York: Doubleday, 1990), p.181を参照のこと。

37
ここでの歴史的分析については以下を参照のこと。Brown, Levin, Romm, Rosenfeld, and Koomey, "Engineering-Economic Studies of Energy Technologies to Reduce Greenhouse Gas Emissions: Opportunities and Challenges,（温暖化ガス放出削減を目指すエネルギー技術の工業経済学的研究：機会と挑戦)" Annual Review of Energy and Environment, 1998, pp.287-385.

38
1次エネルギーとは石炭のような化石燃料（石油と天然ガスあるいはバイオマス）に含まれる化学エネルギー・水力エネルギー・太陽エネルギー・他の再生可能な供給源よりの電磁エネルギーと原子炉内で解放される核エネルギーのことである。1次エネルギーの大部分はさらに利用しやすい電気・ガソリン・ジェット燃料・暖房用石油・は木炭のような燃料に変換される。これは2次エネルギーと呼ばれる。エネルギーシステムの最終需要部門では1次及び2次エネルギーを利用して，料理・照明・室内空調・冷蔵庫・輸送・消費財などにエネルギーとサービスを供給する。

39

EIA, Annual Energy Review 1998（1998エネルギー概況年報），U.S. Department of Energy, Washington, DC, July 1999, pp.12-13（図1.5と 表1.5），www.eia.doe.gov/pub/energy.overview/aer98/graph/0105c.pdf 並びに，www.eia.doe.gov/pub/energy.overview/aer98/txt/aer0105.txt

40

Bureau of Economic Analysis, U.S. Department of Commerce, Washington, DC, October 1999, www.bea.doc.gov/bea/dn1.htm これらの改定では企業の購入するソフトウエアをGDPの増加に繋がる資本投資として勘定している。

41

同上

42

エネルギー市場に起こった近年の変化によりエネルギー情報管理局（Energy Information Administration）がエネルギー消費量の整理が困難になっていることを考慮すると1998年のエネルギーデータは修正を要する

43

　Skip Laitner（EPA），並びに Gail Boyd（ANL）との私信，

44

Howard Geller and Jennifer Thorne, "U.S. Carbon Emissions Barely Increase in 1998（1998年，米国の炭酸ガス放出の増大は殆どなかった，" American Council for an Energy-Efficient Economy, Washington, DC July1999, www.aceee.org/briefs/98score.htm

45

EIA, "Weather Assumptions Changed for EIA's Short-Term

Energy Projections（EIAの短期エネルギー予測に必要な修正気象モデル），" September 1999, www.eia.doe.gov/neic/press/press136.html

46

Romm, Cool Companies（クールな企業群）, pp.77-99, Island Press, 1999.

47

Ibid., pp.28-30, 140-156.

48

"Army Slashes Energy Bills（陸軍がエネルギー経費を大幅削減する），" Energy User News, September 1999, pp.34-40.

49

Ibid., pp.57-63.

50

Fortune, May 11, 1998, p.132C.

51

EIA, Electric Utility Demand Side Management（電力会社における需要サイド管理）1997, December 1998, www.eia.doe.gov/cneaf/electricity/dsm/dsm_sum.html

52

EIA, Electric Power Annual-1997（Volume II）（電力年報，1997（第II巻）），October 1998, www.eia.doe.gov/cneaf/electricity/epav 2 /html_tables/epav2t48p1.html

53

例えばRomm, Cool Companies（クールな企業群），pp.117-118及び159-162参照のこと。(既出46)

54

Steve Liesman, "Dropping the Fight On Science, Companies

Are Scrambling to Look a Little Greener（科学分野での論争が一段落し，企業は今後いささかでも環境保全型になるべく必死である）," Wall Street Journal, October 19, 1999, p. B1.

55
John A. "Skip" Laitner, "The Information and Communication Technology Revolution: Can it be Good for Both the Economy and the Climate?（情報通信技術革命：経済と気候変動にとって役立つか？）" U.S. Environmental Protection Agency, Washington, DC, December 1999.

56
Commerce 1999, Chapter 2.

57
Macroeconomic Advisers, LLC, Productivity and Potential GDP in the "New" US Economy（"新しい"米国経済の生産性と潜在的GDP）, September 1999. 本文内の引用は当該報告書の政策提言用概要と結論よりの引用である。

58
Greenspan, "High-tech（ハイテック）," June 1999.(既出，1)

59
"Fast Growth Companies Conserving Capital to Boost Financial Productivity（急速成長企業は資本節約を図り資金生産性を増大する），PricewaterhouseCoopersの調査," Pricewaterhouse Coopers社新聞発表, New York, September 21, 1999, www.pwcglobal.com/extweb/ncpressrelease.nsf/DocID/87741394208BD38F852567F300588DB8? 公開情報

60
Peter W. Huber and Mark P. Mills, "Dig more coal—the PCs are coming（もっと石炭を採掘せよ－パソコン時代の到来，"

Forbes, May 31, 1999, pp.70-72.

61

Amory Lovins, Alan Meier, and Jon Koomey との私信

62

Jonathan Koomey, Kaoru Kawamoto, Maryann Piette, Richard Brown, and Bruce Nordman. memo to Skip Laitner (EPA) on "Initial comments on The Internet Begins with Coal"("インターネットは石炭とともにスタートする"に関する Skip Laitner (EPA) へのメモ),"Lawrence Berkeley National Laboratory, Berkeley, CA, December1999, http://enduse.lbl.gov/Projects/infotech.html で入手可能。基礎となった解析は、Mark P. Mills, The Internet Begins with Coal: A Preliminary Exploration of the Impact of the Internet on Electricity Consumption (インターネットは石炭と共にスタートする：インターネットのもつ電力消費への影響に関する初歩的分析), The Greening Earth Society, Arlington, VA, May 1999, http://www.fossilfuels.org である。

63

パソコンとコンピュータチップメーカーの多くが製造過程における炭酸ガス放出のみならず、エネルギー消費の抑制に努力している。例えば、Joseph Romm, Cool Companies (クールな企業群), pp.100-112参照のこと。[既出46]

64

John B. Horrigan, Frances H. Irwin, and Elizabeth Cook, Taking a Byte Out Of Carbon (炭酸ガスの削減), World Resources Institute, Washington D.C., 1998, p.18.

65

"Dell Online (Dell 社の直接販売)," Harvard Business School

Case Study 9-598-116, 改訂版は March 26, 1999, Harvard Business School Publishing, Boston, MA, p.23.

66

OECD 1999, p.28.(既出2)

67

Lee Eng Lock, Supersymmetry（超対称性）に関する私信

68

Horrigan et al, Taking a Byte Out of Carbon（炭酸ガスの削減）, pp.14-16.

69

OECD 1999, p.13(既出2)

70

Craig Schmidt 私信

71

この表でエネルギー関係以外の部分の引用は, Mohan Sawhney and David Contreras による事例研究, "Amazon.com —Winning the Online Book Wars(アマゾン・ドット・コム－オンライン書籍戦争に勝つ)", J.L. Kellogg Graduate School of Management, Northwestern University, p.26, http://sawhney.kellogg.nwu.edu/事例研究は表内の原データとして Morgan Stanley Research 社のデータを引用している。

72

EIA, A Look at Commercial Buildings in 1995, October1998, p.218[以下 CBECS と略].建物には光熱費が必要である。最近の倉庫は平均よりもエネルギーを使っている。一方この傾向は小売店舗でも同様である。

73

ここでは単位面積当たりの売上比を単位面積当たりの商品量

比としている。この評価法によれば，オンライン店舗は通常店舗に比較して単位面積当たり約8倍の商品を貯蔵している。

74

Romm, Cool Companies（クールな企業群），pp.46-76.^(既出46)

75

"Net gets used books new looks（ネットが古本を新本に見せる），" USA Today, July 21, 1999, p.5D. この場合，比がこのように高い理由の一つは，Nevada では倉庫税や企業収入税が必要なく，土地代も安価であるためである。

76

"Keeping it Digital（常にデジタルのままで），" Wired, September 1999, p.68.

77

"Online Boom to Benefit Storage Companies（オンラインブームが倉庫業を有利にする），" http://www.nua.ie/surveys/index.cgi?f=VS&art_id=905355215&rel=true, Aug. 20, 1999.

78

Sawhney and Contreras, "Amazon.com,（アマゾン・ドット・コム）" p.10.

79

Steve Lohr, "The Web Hasn't Replaced the Storefront Quite Yet（ウェブは今のところ100％店頭の再現には至っていない），" New York Times, Oct. 3, 1999.

80

Tad Smith 私信

81

Commerce 1998, A4, p.36. 商務省レポートに示されているように，オンライン決済では顧客のコストが厳密にはゼロで

はないにしてもほぼ無視できる。

82

"Over 32 Million U.S. Households Will Be Banking Online by 2003（2003年までに米国3,200万所帯がオンラインで銀行取引する），" IDC新聞報道, Framingham, MA, June 1, 1999, www.idcresearch.com/Press/default.htm

83

Commerce 1998, A4, pp.38-41.

84

OECD 1999, p.48.(既出, 2)

85

telebank.com の広告, Wall Street Journal, Aug. 9, 1999, p. c7.

86

OECD 1999, p.48.での引用(既出, 2)

87

Kevin Childs, "Internet Threatens Postal Service（インターネットが郵政サービスを脅かす），" Editor & Publisher Interactive, April 24, 1998.での引用

88

"Online Billing Set to Take Off（オンライン請求書送付が始まる），" The Industry Standard, Sept. 13, 1999, p.110.

89

政府改革に関する下院委員会，郵政サービス小委員会におけるWilliam J. Hendersonの証言, October 21, 1999, http://www.house.gov/reform/postal/hearings/henderson.pdf

90

企業活動問題政府代表（Director of Government Business Operations Issues）Bernard L. Ungar による政府構造改革下

院委員会，郵政サービス小委員会証言 GAO/T-GGD-00-2, October 21, 1999, www.house.gov/reform/postal/hearings/ggd-73840.pdf

91

Mike Snider, "E-mail use may force Postal Service cuts（電子メールが郵便サービスを削減する）," USA Today, October 20, 1999, www.usatoday.com/life/cyber/tech/ctg466.htm

92

Eric Hemel and Craig Schmidt, "Internet"s Potential Impact on Retail Real Estate （不動産売買に対するインターネットの潜在的効果）," Merrill Lynch, March, 1999 並びに Craig Schmidt 私信

93

"Online Advertising To Reach $ 33Billion Worldwide By 2004（2004年までにオンライン広告が世界規模で330億ドルに達する。），" Forrester Research press release, Cambridge, MA, August 12, 1999, www.forrester.com/ER/Press/Release/0,1769,159,FF.html

94

"Most Online Holiday Gift Buying Will Be at E-Stores, Not Real Stores（祭日ギフトのオンライン購入場所は実店舗ではなく電子店舗で行われる。），" Greenfield Online, Westport, CT, September 29,1999, www.greenfieldcentral.com/default2.htm

95

Downes and Mui, Unleashing the Killer App（独り勝ちソフトの自由化）, p.18.

96

"Retailing: Confronting the Challenges That Face Bricks-and-Mortar Stores（小売売買：実店舗が直面する挑戦に立ち向かう）," Harvard Business Review, July-August 1999, p.163.

97

Hemel and Schmidt, "Internet's Potential Impact（インターネットの潜在的影響）."

98

Craig Schmidt 私信

99

MIT 1999, p.14.(既出31)

100

Warren St. John, "Barnes & Noble's Epiphany（Barnes & Noble の洞察）," Wired, June 1999, www.wired.com/wired/archive/7.06/barnes_pr.html

101

Nina Munk, "Title Fight（選手権大会）," Fortune, June 21, 1999, p.90

102

上記

103

例えば MIT 1999, p.14.参照のこと。(既出31)

104

Mark Borsuk 私信。この問題に対する彼の広範囲な著作については，www.mihalovich.com を参照のこと。

105

Mark Borsuk, "Death at the Margin（極限状態での死）," The Industry Standard, October 4, 1999, http://thestandard.net/

articles/display/0,1449,6556,00.html(オンライン版は September 24, 1999)

106

Steve Lohr, "In E-Commerce Frenzy, Brave New World Meets Old（電子商取引では狂乱・勇猛な新世界が旧世界に直面する）," New York Times, October 10,1999, p. wk 5 .

107

Mark Borsuk, "Nowhere yet Everywhere（今は何処にもないが，いずれ全世界に）," June 1999, www.mihalovich.com/columns/nowhere.htm#fn_15

108

"Retailing（小売業）," Harvard Business Review, 1999, p.166.

109

OECD 1999, p.73.(既出, 2)

110

ネット購入により自宅電力消費が増大するとこの結果は数％小さくなるであろう。しかし，パソコンとインターネット接続システムの電力消費は2007年までには低水準となっているので，OECDの言う節約が実現する同年までに自宅電力消費の影響が大きくなるとは思えない。しかも，ネット購入活動に必要な時間が延びるため，たとえばTVを見る時間と電力消費時間が共に減るであろう。

111

CBECS, p.56.この仮定は，小売面積が，近似的に，商取引とサービスに必要な床面積（1995年時127億平方フィート）数量であるとしている。倉庫業に及ぼす正負正味の影響については以下に述べられている。

参考文献

112

Kim Cross, "B-to-B, By the Numbers（B-to-B 関連統計），" Business 2.0, September 1999.

113

Scott Kirsner, "Venture Verite: United Parcel Service（果敢な現実：UPS），" Wired, September 1999, pp.83-96.

114

Tom Stein and Jeff Sweat, "Killer Supply Chains（一人勝ちのサプライチェーン），" Informationweek, Nov. 9,1998.

115

Mary J. Cronin, "Ford's Intranet Success（フォード社のイントラネットの成功），" Fortune, March 30, 1998, p.158及び, Mary J. Cronin, "The Corporate Intranet（企業イントラネット），" Fortune, May 24, 1999, pp.114を参照のこと。

116

OECD 1999, p.63(既出, 2), 及び www.aiag.org.

117

Robert L. Simison, "Toyota Unveils System to Custom-Build Cars in Five Days（トヨタが5日間カスタムメード車の供給システムを披露），" Dow Jones News Service, Aug. 5, 1999 [wsj.com で検索可能].

118

OECD 1999, p.63.(既出, 2)

119

Business 2.0, November 1999, 154頁以下の広告

120

Douglas Blackmon, "FedEx CEO Smith Bets His Deal Will Recast The Future Of Shipping（FedEx CEO Smith 氏 FedEx

独自の取り組みが物流の将来を作り変えることを請け負う)," Wall Street Journal, November 4, 1999, pp. A1, A16.

121

Commerce 1999, pp.16, 57.

122

1995年における商用倉庫・貯蔵施設面積は85億平方フィートであった。(CBECS, p.56).本文に述べられたように，商用倉庫の利用減少は，小売並びに卸関係施設の12.5％の減少と完成品貯蔵品貯蔵所の25-35％減少の中間値と考えることが合理的であるが，ここでは安全サイドの下位値12.5％を採用すると10億平方フィートの節約に相当する。しかるに，新規にネット小売業者の倉庫が必要となる。書店の例をみるとその面積は1/8である。この追加必要分は不要小売店舗15億平方フィートうちの約2億平方フィートとなる。(但し，第5章にみるように，ネット小売業の多くは既存の倉庫を活用しているので，彼等の必要とする倉庫の全てが新設であるというわけではない。)さらに，1994年時点では製造部門が123億平方フィートの独立空間を所有していたが（EIA, Manufacturing Consumption of Energy（製造部門のエネルギー消費）1994, December 1997, p.88).かりに，この10％が倉庫・貯蔵庫として使われるとすると25％の在庫削減の結果3億平方フィートを他用途に転用できることになる。いずれにしても，正味の倉庫・貯蔵所面積の削減・不用面積を計算すると（10-2＋3）億平方フィートとなり、約10億平方フィートと考えることに妥当性がある。

123

Patricia Mokhtarian and Dennis Henderson, "Analyzing the Travel Behavior of Home-based Workers in the 1991

CALTRANS Statewide Travel Survey（1991年 CALTRANS 州域内移動調査における自宅勤務者の旅行行動の分析），" Journal of Transportation and Statistics, Vol.1 No.3, October 1998, pp.25-41.この著者達が言うように，アナリスト毎に使っている定義が異なるために，また，自宅勤労者を特定し，自宅ベース企業であると認定される為には何時間働くべきかという関連質問を定量化することが困難であるために，自宅ベース勤労者の確定数は大幅に変化する。

124

同上

125

"Internet Access Providers Should Prepare for Fierce Competition in the Home Office Market（インターネット接続業者は自宅オフィス市場での熾烈な競争に備えよ），" IDC, March 22, 1999, 並びに "IDC Reveals Home Office Internet Use Reaches Record High（IDC は自宅オフィスでのインターネット利用が記録的高レベルになっていることを公表），" IDC, Sept. 15, 1998, Framingham, MA, www.idcresearch.com/Press/default.htm

126

Horrigan et al, Taking a Byte Out Of Carbon（炭酸ガスの削減），p.25.

127

この事例研究のデータは注を除き Mahlon Apgar Ⅳ, "The Alternative Workplace: Changing Where and How People Work（代替勤務場所：人々の勤務地，勤労形態の変化），" Harvard Business Review, May-June 1998, pp.121-136 より引用。

128

David Malchman, AT&T 私信

129

CBECS, pp.239, 274.

130

多くの研究には方法論的欠陥がある（たとえば，信頼性が少ないと言われる自己申告法をとっている）のみならず，10年以上は古く今ではハイテク遠隔通信に不可欠であり，デスクトップに比べ格段に電力消費の少ないノート型のようなエネルギー効率の良いパソコンの利用が考慮されていない。例えば, Patricia Mokhtarian, Susan Handy, and Ilan Salomon, "Methodological Issues in the Estimation of the Travel, Energy, and Air-quality Impact of Telecommuting（遠隔電子勤務が，移動・エネルギー・大気環境に及ぼす影響の評価に関する方法論上の問題），" Transpn. Res.-A. Vol.29A, No.4, 1995, pp.296-297, を参照のこと。

131

Apgar, "The Alternative Workplace（代替勤務場所），" HBR, p.126.(既出127)

132

主として，空調，自宅オフィス設備，照明のために必要な電力増加分として，750W×2000時間，即ち約1500kWhであるとみなせる。共用オフィス勤労者が勤労時間の1/3を自宅で過ごし，残りを，顧客とともに，または共用オフィスで過ごすと仮定する。一方，電子勤労者は2/3時間を自宅オフィスで過ごすとする。もちろん，これは平均値である。夏季では上記電力は増加し，春秋には低下するであろう。また，ノート型を使う勤労者の電力消費は比較的少ない。更に，ここで

は遠隔電子通勤による天然ガス節約効果は小さいと仮定する。

133

Apgar, "The Alternative Workplace（代替勤務場所）," HBR, pp.129-130.(既出127)

134

これらは施設費と通信電話代の合計に対する節約である。後者に比べ前者が格段に大きい。

135

Peter Arnfalk, "Information Technology and Pollution Prevention-Teleconferencing and Telework Used As Tools in the Reduction of Work-Related Travelit （ITと公害防止：仕事関連近隣出張削減に向けた遠隔電子会議と遠隔電子勤務），" Thesis, International Institute for Industrial Environmental Economics, Lund, Sweden, October 1999.（原稿のpp.68-71）

136

この問題の複雑性に触れた最近の議論については，Susan N. Houseman, "Flexible Staffing Arrangements: A Report on Temporary Help, On-Call, Direct-Hire, Temporary, Leased, Contract Company, and Independent Contractor Employment in United States（柔軟な人員配置法：アルバイト雇用・呼び出し雇用・直接雇用・一時雇用・リース雇用・人材派遣会社雇用・請負業雇用に関する報告書，" a report for the Office of the Assistant Secretary for Policy, U.S. Department of Labor, August 1999 （www.dol.gov/dol/asp/public/futurework/conference/staffing/staffing_toc.htm）を参照のこと。

137

"Area Neighborhoods Buzz with Home Businesses（自宅企

業による近隣地域の騒音)," Washington Post, October 3, 1999, pp. A1, A16.

138

"Leesburg Housewife Makes a Click Profit (Leesburgの主婦賢く稼ぐ)," The Washington Post, Aug. 29,1999, pp. A1, A23.

139

Barry Libert and William Ribaudo, "The New Space Race: Virtual Space Draws the Skylines of the Future (新しい空間獲得競争：仮想空間が未来の摩天楼になる)," Arthur Andersen,1996, www.realty4.com/art_andr.html

140

CBECS, p.1.

141

ここでの前提で，ネット時代以前の自宅オフィスの成長率を優に越すと仮定した理由は，インターネットの結果生ずるエネルギー消費増加の推定が目的であるためである。この前提には，すでに自宅にオフィスを持って，自宅で多くの時間を使っている人々も含まれている。たとえば，以前は遠隔電子通勤者であった人がインターネット遠隔勤務者に変わった場合である。すなわち，かつて副業を自宅に持って夜遅くまで働いていた人が，通常の通勤勤務を止めて，100％のネット創業者に生まれ変わる場合である。

142

EIA, Annual Energy Outlook 1999 (1999年エネルギー見通し年報), December 1998, p.124, [以下 AEO 99と略す].

143

CBECS, pp.238, 274. 既述の如く，数％の省電力は自宅電力消費増加により帳消しになる。一方，単位面積当たりの電力を

小売店舗施設での数字を見ると，1990年代に建設された小売店舗はむしろエネルギー集約的であった（CBECS, p.251）。したがって，不用となった小売面積の大部分が，1990年代に建てられたか，むしろ新築であるとすると，節約の数字は数％大きくなるであろう。この節約分は自宅用電力増加と十分相殺しあうものでろう。

144

二つの理由により，節約は限られたものである。(1)平均的に倉庫のエネルギー消費はそう大きくない。平方フィート当たり6.4kWh即ち22,000BTUである（CBECS, pp.239, 274），(2)電子小売業者による倉庫の新設が極めて少なく，不用になった古い倉庫数の比ではないとしても，新設倉庫は平均的倉庫に比べて，格段にエネルギー集約的になっている傾向がある。（CBECS, p.251）.

145

AEO 99, p.124.(既出142)

146

この表中の評価はインターネット遠隔勤務者と自宅ベース勤労者が自宅でのコンピュータ利用が増えた結果生ずるエネルギー消費追加分を含んでいる。しかし，(1)インターネット購入，銀行取引など新規自宅エネルギー消費の増大と，(2)企業がインターネットを稼動させるに要した商用建物のエネルギー消費増大を含んでいない。自宅用パソコン市場は1997-2007年の期間で飽和するであるであろうと考えられるので，自宅用パソコンは究極的にはたいして大きなマーケットとはならないであろう。第2章で論じられるように，各世代のパソコンシステムがよりエネルギー集約度を下げてきており，また，自宅用パソコン使用がTVのような他の自宅電力消費活動を

代替するので自宅でのエネルギー消費増大は比較的小さいものの、その見積もりは、セクション2で述べたように、非常に複雑である。いずれにせよ、インターネットの電気消費がエネルギー消費に主要な影響を与えるであろうという提案は極めて欠陥がある分析に基づいていることが分かった。この点については、Koomey et al, "Initial comments on The Internet Begins with Coal（インターネットは石炭と共にスタートする主張に関する初期のコメント），" December 1999. を参照のこと。(2)は今後の重要な研究分野である。

147

この問題に関する議論としては Traci Watson, "Paperless office still a pipe ream（紙無用オフィスはまだ紙の山），" USA Today, March 8, 1999, p.12B；Kevin J. Delaney, "Where's That Paperless Office? Reams Pile Up Despite Computers（あの紙無用オフィスは何処へいったのか？ コンピュータ導入後も残る紙の山）", The Wall Street Journal, May 28, 1999, 並びに Rick Thoman（ゼロックス社社長兼CEO）の発言，May 18, 1999, Palo Alto, CA, www.xerox.com/go/xrx/about_xerox/T_release1.jsp?oid＝14325＆view＝news_archive＆equip＝none が充実しており参照のこと。

148

Boston Consulting Group, Paper and the Electronic Media, September 1999. BCG サイト imc-info@bcg.com に電子メールを送ることにより入手可能。特に断らない限りすべての数字及び引用表現はこの研究より引用。

149

例えば，U.S. EPA, Greenhouse Gas Emissions From Management of Selected Materials in Municipal Solid Waste

(都市固体廃棄物の分別処理と温暖化ガス放出), EPA530-R-98-013, September 1998, pp.15-34（www.epa.gov/epaoswer/non-hw/muncpl/ghg/greengas.pdf）を参照のこと。本文の数字は1997年Bruce NordmanがLawrence Berkeley Laboratory（ローレンスバークレー研究所）で行った調査ならびに彼独自の分析結果と類似である（私信, September 1999）。ライフサイクル数の計算には、最も寄与する製紙自身に対するもののみならず、輸送などの要素も含んでいる。この評価は平均値である。より正確な解析には紙質により、また紙が原紙であるか（10～20%長い年数），再生紙であるか（10～20%短い年数）でライフサイクル数が変化する。元来エネルギーの評価は粗い評価であり、BCG研究の数字も不確実な将来予測が目標であるので、ここではこの平均値を使用することにする。

150

同上, p. ES-12.

151

温室効果ガス節約がエネルギー節約より大きい理由は、紙削減によるエネルギー消費節約の結果、GHG放出量以上の節約が生ずるためである。その節約は又、炭素固定機能をもつ木の消失を避けるとともに、例えば、メタン収集設備の無い埋立て地に廃棄された紙から発生するメタン放出のような、紙の廃棄物管理より発生する排気を削減する。EPA研究では原紙と再生紙の比率のみならず熱転換用紙量と埋め立て処理量（さらに、メタン収集の有無別）の比率の評価をしている。

152

この研究では比較的保守的な仮定が使われている。例えば、

2003年のインターネット利用者は人口の44％であると仮定しているが，フォレスターリサーチ社の予測では56％になるであろうとしている。www.forrester.com/ER/Press/Talking/0,1773,0,FF.html を参照のこと。

153

"Online Advertising To Reach ＄33Billion Worldwide By 2004（オンライン広告は2004年までに全世界で330億ドル規模に達する），" Forrester Research 社新聞発表, Cambridge, Mass., August 12,1999, http：//www.forrester.com/ER/Press/Release/0,1769,159,FF.html

154

Commerce 1998, A４, p.18.

155

オンライン新聞業界の大部分は今のところ儲けになっていない。しかし，業界は将来オンライン版が今以上により私家版的，あるいは顧客サイドのものとなり利益を生むようになると世界が変わる。そして，通常の紙新聞の購読を中止してもオンラインサービスに予算を回すものと信じている。また，経済が新しい展開をみせるようになると，オンライン新聞が驚くべき力を発揮することを信じている。（BCG 研究）

156

Negroponte, Being Digital（デジタルであるということ）, p.153.

157

OECD 1999, p.47.(既出,2)

158

Kathy Chin Leong, "Online Job Sites Grow Up（オンライン求人サイトが成長する），" Information Week Online, June 21,

1999, www.informationweek.com/739/itweek/online.htm

159

"More than One-Quarter of Used-Vehicle Buyers Use the Internet in the Vehicle Shopping Process（中古車購入者の3/4以上が購入手続きでインターネットを利用している。）," J. D. Power and Associates 社新聞発表, August 2, 1999, Agoura Hills, CA, www.jdpower.com/jdpower/releases/usedautoshopper080299.htm

160

Commerce 1998, A 4, p.15.

161

"Lands' End looks to Net to cut costs（Land's End 社が経費節減目的でネットに注目）," Bloomberg News, Special to CNET News.com, March 11, 1999, http://news.cnet.com/category/0-1007-200-339822.html

162

Greg Sandoval, "Lands' End gives Web shopping the personal touch（Lands' End 社がウェブ購入に気配り配慮）," CNET News.com, September 16, 1999, http://news.cnet.com/category/0-1007-200-120829.html

163

Kenneth Berryman et al, "Electronic Commerce: Three Emerging Strategies（電子商取引：新しい戦略の出現）," The McKinsey Quarterly 1998, Number 1.

164

http://web.hardwarestreet.com/bin/catalog/tm.cgi?f=about

165

Craig Schmidt 私信

166

Nevin Cohen, "Greening the Internet（インターネットによる環境保全）," www.cisp.org/imp/october_99/10_99cohen.htm

167

"Online Advertising（オンライン広告）," August 12, 1999, www.forrester.com

168

Dave Carpenter, "Encyclopedia"s Web Site Jammed（混雑する百科事典ウェブサイト），"
Associated Press Wire Story, October 20, http://wire.ap.org/. また，Philip Evans and Thomas S. Wurster, Blown to Bits（粉々にされビットに）(Boston: Harvard Business School Press,1999), pp. 1‐4，並びに Carl Shapiro and Hal Varian, Information Rules（情報の規則）(Boston: Harvard Business School Press, 1999), pp.19‐20を参照。

169

New York Times, Aug. 16, 1999, pp. C1, C12.

170

"Borders to Roll Out Sprout"s Print‐On‐Demand Technology in Distribution Center（Borders社 Sprout社のプリントオンデマンド技術を配送センターに展開），" Borders Group, Inc社新聞発表, June 1, 1999, www.bordersgroupinc.com/2.0/1999/73.html

171

Warren St. John, "Barnes and Noble's Epiphany（Barnes and Noble社の洞察），" Wired, June 1999, www.wired.com/wired/archive/7.06/barnes_pr.html

172

Kirsten Lange 私信

173

www.nortel.com

174

David Malchman, AT&T よりの情報と分析の提供

175

IBM 広告, The Wall Street Journal, p. R43.

176

GEの例は, Commerce 1998, A 3, pp.27-28 並びに, GE's TPN website, www.tpn.geis.com/tpn/resource_center/casestud.html 上に見られる情報である。

177

Commerce 1998, A 3, p. 2.

178

より詳細については, www.edfpewalliance.org/ups_index.htm を参照のこと。

179

Blane Erwin, Mary Modahl, and Jesse Johnson, "Sizing Intercompany Commerce (企業内取引の規模分析)," Forrester Research, Vol.1, No.1, July, 1997, OECD1999, p.42[既出,2]に引用

180

Steve McHale, IDC.私信

181

Martin Wolk, "Microsoft Working On Internet Version Of Office (マイクロソフト社がインターネット版 Office を計画中)," September 30, 1999. www.mercurycenter.com/svtech/

news/

182

Fortune, October 25, 1999, p.38.

183

Commerce 1998, A 3 , p.15.

184

この事例研究は，Commerce 1998, A 3 , pp.11-13, Economist 1999, p.12.,^(既出, 33)，ならびに OECD 1999, p.61.^(既出, 2)に基づいている。

185

Cohen, "Greening the Internet（インターネットの環境保全性）."^(既出, 166)

186

"MP 3 cutting into music sales？（MP 3 が音楽販売に割り込む）" Wired, March 24, 1999, www.wired.com/news/news/culture/mpthree/story/18693.html

187

同上.

188

Dr. Daniel Deutsch 事務所, Washington D.C.との私信

189

Amelia Elson, Joel Bluestein, and Marie Lihn, "Industrial Energy Profiles and Trends-1985 to 1997 and Beyond（産業界のエネルギー分析と動向-1985-1997年及び未来），" Proceedings of 1997 ACEEE Summer Study on Energy Efficiency in Industry, American Council for an Energy-Efficient Economy, Washington, DC, 1997, pp.783-794.

190

同上

191

Greenspan, "High-tech（ハイテク），" June 1999.^(既出.1)

192

Philip Siekman, "How A Tighter Supply Chain Extends The Enterprise（厳しいサプライチェーンによる企業の持続性），" Fortune, November 8, 1999, p.272H.

193

Commerce 1998, p.15

194

Sawhney and Kaplan, "Let's Get Vertical（縦方向に統合せよ），" p.90.^(既出16)

195

Mark Borsuk, "Nowhere yet Everywhere（今はどこにもないが将来は世界中に），" June 1999.

196

新規に必要なインターネット型倉庫建設量が幾らかの推測は現在のところ困難である。Amazon.com and Webvan のような電子小売業者が新規倉庫を建設しつつあるが，その他の業者は既存の倉庫能力を利用している。例えば，eToys, Levis.com, Pier 1 .com などは全て操業51年のミネソタの会社 Fingerhut が所有する450万平方フィートの倉庫の一部を利用している。"10 Companies That Get It（IT を手中にした10企業），" Fortune, November 8, 1999, p.117., また，Drugstore.com によると，オンラインである無しに拘わらずあらゆる種類の医薬品を取り扱う倉庫を利用している。さらに，Angela Gunn, "Stuffy Nose? Achy Head? Try E-Mail（鼻詰まり？　頭が痛

いの？　じゃあ E-Mail をやって," The Industry Standard, October 4, 1999. http://thestandard.net/articles/display/0,1449,6546,00.html（オンライン版は September 23, 1999）.

197

製造部門では1994年時点で123億平方フィートの独立床面積を所有していた（EIA, Manufacturing Consumption of Energy 1994（1994年製造業におけるエネルギー消費）), December 1997, p.88）。しかるに，かりにインターネット経済が容量利用率を1997年より2007年にわたり，年率0.5％増加させるものとすると，それは丁度，新規工場の必要とする6億平方フィートの面積に相当する。

198

AEO 99, p.120.(既出142)

199

Michiya Suzuki and Tatsuo Oka, "Estimation of life-cycle energy consumption and CO_2 emission of office buildings in Japan（日本における建物関連ライフサイクルエネルギー消費と炭酸ガス放出の推定）," Energy and Buildings 28（1998), pp.33-41.この研究は原材料物質とオフィス用品完成品の内包エネルギーを評価している。日本の場合，その数値は約0.8 MBTU/平方フィートである。本文では簡単な評価が目的であり，米国の製造部門は日本の製造部門に比べてより，エネルギー集約性が高いので1.0を用いた。小売店舗の建造におけるエネルギー集約性はオフィスビルに比べると低い。しかるに，製造工場建設はエネルギー集約性が遥かに高い。この研究によると，日本におけるビル建築時に必要な全エネルギーは典型的なオフィスビルで消費する暖房・冷房・照明・その他設備の年間運転に必要なエネルギーの7.5年分である．

200

Greenspan, "High-tech（ハイテク）," June 1999.(既出, 1)

201

Sustainability Report, Interface, Inc., Atlanta, GA, 1997 また Romm, Cool Companies, pp.181-186 も参照

202

Commerce 1998, pp.15-16, www.ecommerce.gov/danc 3 .htm

203

同上 p.16.

204

www.paperexchange.com 並びに、Roger Stone 私信。引用は Kevin Jones, "Industrialist gets Internet religion（企業経営者はインターネットという宗教を持った," Forbes ASAP, www.Forbes.com, July 26, 1999. による。www.paperexchange.com/aboutus/dsp_article.cfm?article_ID＝22 で入手可能。

205

Sawhney and Kaplan, "Let's Get Vertical（縦方向に統合せよ）," p.89.(既出16)

206

"Fast Growth Companies Conserving Capital（資本節約型急速成長企業）" PricewaterhouseCoopers, 1999, www.pwcglobal.com(既出59)

207

www.dell.com/us/en/gen/corporate/vision_003_environ.htm

208

Cohen, "Greening the Internet（環境保全型インターネット）."(既出, 166)

209

Mark Frauenfelder, "To the Bidder End（最後のセリ人に向けて），" Yahoo! Internet Life, October 1999, pp.128-132.

210

www.fastparts.com/news/index.html 参照のこと。

211

www.imark.com

212

AEO 99, pp.89-90.(既出142)

213

Mokhtarian and Henderson, "Analyzing the Travel Behavior of Home-based Workers（自宅ベース勤労者の移動行動分析）."(既出123)

214

最近の概説は，Patricia Mokhtarian, "A Synthetic Approach to Estimating the Impact of Telecommuting on Travel（遠隔通勤が旅行に及ぼす影響予測に関するシステム的研究，" Urban Studies Vol.35 No.2, 1998, pp.215-141；並びに Arnfalk, Information Technology and Pollution Prevention（情報技術と公害防止）(既出135)に良くまとめられている。

215

分析例については，Mokhtarian, Handy, and Salomon, "Methodological Issues（方法論的諸問題），" pp.289-292を参照のこと。(既出130)

216

U.S. Department of Energy, Energy, Emissions and Social Consequences of Telecommuting,（遠隔通勤がエネルギー・大気汚染物質・社会にもたらす影響）Washington, May 1994,

DOE/PO-0021, NTIS (703-487-4650). [以下 DOE 1994と略記]より入手可能。

217

Mokhtarian, "Synthetic Approach（統合的手法）," p.215.[既出214]

218

同上, pp.235-236.

ITとインターネット経済が経済成長を支えるものであり他の基本条件が同一条件であると仮定すると，成長に比例して交通機関利用も増加するものの，エネルギー原単位はそれほど増加しない。その理由はエネルギー消費がGDPと共に増加するためである。

219

この点の分析については, Patricia Mokhtarian and Ravikumar Meenakshisundaram, "Beyond Tele-Substitution: Disaggregated Longitudinal Structural Equations Modeling of Communications Impacts（遠隔活動の通信代替を超えて：諸通信の及ぼす影響を記述する要素分解縦型構造モデル式について）," Transportation Research C, (出版予定)を参照のこと。

220

Peter Arnfalk 私信

221

"By 2002, Home Offices Will Spend $10.5Billion on Internet Access（2002年までに自宅オフィスが105億ドルをインターネット接続に支出する）," IDC, March 22, 1999, 並びに, "IDC Reveals Home Office Internet Use Reaches Record High（IDC社自宅オフィスでのインターネット利用が高レベルであると発表），" IDC, September 15, 1998, Framingham, MA, www.idcresearch.com/Press/default.htm

222

"Home Offices（ホームオフィス），" IDC, March 1999.(既出221)

223

Evan Rosen, Personal Videoconferencing（小規模規ビデオ会議），(Greenwich: Manning, 1996), p.85.

224

同上.

225

"Area Neighborhoods Buzz with Home Businesses（自宅ビジネスのために騒がしくなった近隣地域）が，" Washington Post, October 3, 1999, pp. A1, A16.

226

Mokhtarian and Henderson, "Analyzing the Travel Behavior of Home-based Workers（自宅ベース勤労者の移動動向の分析）."(既出123)

227

この数字は第3章に挙げた年間各50万人に及ぶネット遠隔勤務者とネット企業家の増加に対応する。ネット遠隔通勤者はこれまで存在した自宅ベース遠隔通勤者（HBT）というよりも，自宅ベース企業（HBB）の勤務者である。そうでない場合には，エネルギー節約は20％減少する。

228

各自宅ベース企業勤務者は一人当たり運転を年間100時間短縮し，140ガロン規模の燃費を節約する。（平均30マイル/時間，軽トラック20マイル/時間（AEO99, p.123））したがって，HBB勤労者が100万人増加すると，年間約1800万MBTU（0.018q）のガソリンを節約できる。2010年までには0.23q以上が節約されるであろう。これは2010年における自動車用ガ

ソリンの約1.2%，あるいは全輸送エネルギーの0.7%に相当する。(AEO 99, p.114)[既出142]

229

たとえば，MokhtarianとHendersonによって分析されたCaltransのデータは1991年以降のものである。データのもつ弱点については，Mokhtarian and Henderson, "Analyzing the Travel Behavior of Home-based Workers（自宅ベース勤労者の移動行動の分析）."参照[既出123]

230

"Area Neighborhoods（地域近隣関係），" Washington Post, p. A16, OECD 1999, p.10.[既出, 2]

232

"Retailing and the Internet（小売業とインターネット），" Morning Edition, National Public Radio, Oct. 6, 1999.この会見番組の記録についてはwww.npr.orgを参照のこと。

233

"Retailing（小売業），" Harvard Business Review, 1999, p.166.

234

"Jupiter Communications: Digital Commerce Growth Will Be at Expense of Off-line Dollars（木星通信：オフライン商売を犠牲にデジタル商業が発展する），" Jupiter Communications, August 4, 1999, http://www.jup.com/company/pressrelease.jsp?doc=pr990804 興味深いことに，全国小売業連合（National Retail Federation：NRF）に属する1,000店に対する1999年8月4日の調査によると消費者の約80%が過去1年間小売店舗では衝動買いが生じなかった。然るに1/3弱がオンラインでは何かを購入するついでに別のものを購入するという衝動買いを行っている。"Online Shoppers Are

Focused（オンラインの買い手に狙いが集中），" Washington Post, September 16, 1999, p. E 6 .

235

"Online Shoppers Say They Will Decrease Their Spending at Traditional Bricks & Mortar Retailers（オンライン客は既存店舗での支出を控えることになるという），" NFO Interactive, Greenwich, Connecticut, May 28, 1999, www.nfoi.com/nfointeractive/nfoipr52899.asp

236

Hemel and Schmidt, "Internet's Potential Impact（インターネットの潜在的影響）."

237

"Internet Sales Eating Away at Bricks & Mortar Retailing（インターネット売上が既存店舗の売上を侵食する），" Greenfield Online, Westport, CT, March 22, 1999, www.greenfieldcentral.com/default 2 .htm

238

"Most Online Holiday Gift Buying Will Be at E-Stores, Not Real Stores（祭日のギフト購入は殆ど実態店舗ではなく電子店舗で行われる），" Greenfield Online, Westport, CT, Sept. 29, 1999, www.greenfieldcentral.com/default2.htm

239

John Dodge, "Harried Shoppers Are Ready To Buy Groceries on the Web（時間的に余裕の無い多忙人はウェブで青果物の買物に余念が無い），" Wall Street Journal Interactive Edition, Sept.21,1999, www.wsj.com

240

"More Than Five Million New-Vehicle Shoppers Nationwide

Use the Internet to Shop for New Vehicles（米国では500万人以上の自家用車の新規購入者がインターネット購入を利用している）," J.D. Power and Associates press release, August 23, 1999, Agoura Hills, CA,　www.jdpower.com

241

"Retailing（小売業）," HBR, 1999, pp.160-161.

242

Greg Sandoval, "Lands' End gives Web shopping the personal touch（Lands' End がウェブ購買に気配りを付与する）," CNET News.com, September 16, 1999, http://news.cnet.com/category/0-1007-200-120829.html

243

OECD 1999, p.46.^(既出, 2)

244

Lee Schipper et al, "Linking Life-Styles and Energy Use: A Matter of Time?（ライフスタイルとエネルギー利用の結合：時間の問題？" Annual Review of Energy 1989, 14: 273-320.

245

Apgar, "The Alternative Workplace（代替勤務場所）," HBR, p.128.^(既出127)

246

MIT, 1999, p.13.^(既出31)

247

Mark Borsuk, "Nowhere yet Everywhere（今は何処にも無いが，将来は世界中に）," June 1999. Wal-Mart 会長 David Glass の言が，Richard Tomkins, "Supreme storeman with an eye for detail（気配りのきく最高の店員）," Financial Times, October 21, 1998, p.11. で引用されたものを，Borsukが再引用

している。

248

Patricia Mokhtarian and Ilan Salomon, "How derived is the demand for travel? Some conceptual and measurement considerations（旅行の需要由来は何か？ 理念・計量的考察）," Transportation Research A, 発表予定。及び "Not all Commuters Driven Crazy（すべての通勤者がクレージーという訳ではない。）," Washington Post, October 18, 1999, pp. A1-A12も参照のこと。

249

Mokhtarian and Salomon, "How derived is the demand for travel?（旅行需要の由来は何か？）"（既出248）

250

Apgar, "The Alternative Workplace（代替勤務場所）," HBR, pp.125-126.（既出127）

251

"Generation X Buy More Online（X世代：1961-71生まれの大変捕えにくい性質力をもつベビーブーマーが益々オンライン購入をする）," http://www.nua.ie/surveys/index.cgi?f=VS&art_id=905355320&rel=true, October 5, 1999.

252

Shelley Morrisette, "Talking Point（論点）," www.forrester.com/ER/Press/Talking/0,1773,0,FF.html

253

交通と基盤設備下院委員会地上交通小委員会における Alan E. Pisarski の証言、1999年, 2月3日(水)、www.house.gov/transportation/ctisub6.html

254

OECD 1999, pp.63-64.(既出, 2)

255

Rejeski, "Electronic Impact（電子情報化の影響），" p.34. エネルギー原単位数値は Stacy Davis and Sonja Strang, Transportation Energy Data Book: Edition 13, Office of Transportation Technologies, U.S. Department of Energy, ORNL-6743, March 1993, p.3 より引用。

256

1998年版輸送エネルギーデータ集（The 1998 edition of Transportation Energy Data Book）によると，各種輸送機関のエネルギー原単位の比較にあたっては注意が必要である。輸送機関間でサービスの違い，利用可能ルートその他の要因において固有の違いがあるので，国家レベルのエネルギー原単位をモード間で比較可能な条件で求めることは不可能である。Stacy Davis, Transportation Energy Data Book: Edition 1998（1998年版輸送エネルギーデータ集），Office of Transportation Technologies, U.S. Department of Energy, ORNL-6941, September 1998, p.2-17.

257

"ポータルサイト"戦略，"過剰生産"戦略，"貯蔵"戦略，"スピード"戦略，"棲み分け"戦略など代替企業戦略モデルの説明については，Mohanbir Sawhney, "Reinventing the Milkman（牛乳配達人の再現），" Business 2.0に出版予定。また，http://sawhney.kellogg.nwu.eduで入手可能。

258

John Dodge, "Harried Shoppers（多忙な買い物客），" www.wsj.com(既出239)

259

Sawhney, "Reinventing the Milkman(牛乳配達人の再現)."(既出257)

260

Brad Allenby, "E-Commerce and the New Environmentalism (電子商取引と新しい環境主義)," iMP Magazine, October, 1999, www.cisp.org/imp/october_99/10_99allenby-insight.htm

261

Haya El Nasser, "Postal Service links up with Amazon.com (郵便サービスがアマゾン・ドット・コムと完全に合体する)," USA Today, September, 28, 1999, www.usatoday.com/life/cyber/tech/ctg254.htm

262

David Guernsey (U.P.S.) 私信

263

Pisarski 証言(既出253)

264

既に指摘されているように，原油価格の高騰が持続するとすると，石油需要と輸入に及ぼす影響が大きくなり，インターネットの影響を区分して分析することが困難になる。Kenneth Gilpin, "Raising the Specter of an Oil Shortage (石油枯渇の妖怪を呼び起こす)," New York Times, October 31, 1999, p. BU9, および, Agis Salpukas, "An Oil Outsider Revives a Cartel (石油部外者がカルテルを再生する)," New York Times, October 24, 1999, pp. BU1, BU16. また, Joseph Romm and Charles Curtis, "Mideast Oil Forever (中東原油よ永遠に)," Atlantic, April 1996を参照のこと。

265

Rejeski, "Electronic Impact（電子情報化の環境影響），" p.34(既出7)を参照のこと。

266

Economist 1999, p.21.(既出,2)

267

"Fast Growth Companies Conserving Capital（急成長企業が資本を節約する），" PricewaterhouseCoopers, www.pwcglobal.com(既出59)

268

Tom Stein and Jeff Sweat, "Killer Supply Chains（極めて威力あるサプライチェーン），" Informationweek, Nov. 9 ,1998.

269

Scott Verite, "Venture Verite（果敢な現実），" Wired, September 1999, p.95.

270

Economist 1999, p.21.(既出,2)

271

Commerce1998, A4, p.29., 安い航空運賃のために利用者が増加するが，その割合の見積もりが難しく，エネルギー節約の評価も困難になる。

272

Sawhney and Kaplan, "Let's Get Vertical（縦方向に統合せよ），" p.90.(既出16)

273

Roger Stone 私信

274

"Taking a Byte Out of Carbon,（炭酸ガスの削減）" p.10 また

は、 Ernst von Weizsacker, Amory B. Lovins, and L. Hunter Lovins, Factor Four : Doubling Wealth, Halving Resource Use（4倍に：価値を2倍に，資源利用を1/2に）London : Earthscan Publications Ltd, 1997, p.114-116を参照のこと。

275

Telia, "Environmental Report1998,(1998年環境白書)" www.telia.se/tews/item/603302.html

276

Ilan Saloman and Joseph Schofer, "Forecasting Telecommunications—Travel Interactions:The Transportation Manager"s Perspective,（遠隔通信と旅行の関連予測：交通担当者の意見)" Transportation Research-A, Vol.22A, No.3, 1988（既出135で引用). また，Joan Feldman, "Bane of Business Travel?（商用出張の全滅)" Air Transport World, September 1993, pp.44-50を参照のこと。

277

Andrew Cook and Patrick Haver, "Meeting Face to Face（面談)," Airline Business, November 1994, pp.58-61.

278

Lisa R. Silverman, "Coming Of Age : Conferencing Solutions Cut Corporate Costs（成熟化：会議手法が企業経費を削減する)," International Multimedia & Collaborative Communications Alliance,,www.imcca.org/cl_imcca/framesettest.html?content（白書）Lisa Silveman はバージニア州Viennaにある大手長距離電話会社MCI社 World Com Conferencing の販売及び製品管理部長である。

279

"Desktop Videoconferencing Shipments to Hit 2.1 Million by

2003 IDC Says（IDCは2003年までにデスクトップビデオ会議システムの出荷が210万台になると声明）" IDC新聞報道, August 23, 1999, www.idcresearch.com/Data/Personal/content/PS082399PR.htm

280

遠隔会議の長所・障害・将来のシナリオに関する包括的議論については、"Desktop Videoconferencing : Killer Application or Dead Technology?（デスクトップ遠隔会議：独り勝ちのソフトか死に体技術か？" Kellogg Graduate School of Management case study, Northwestern University, 1998を参照のこと。http://sawhney.kellogg.nwu.edu/で入手可能

281

Evan Rosen, Personal Videoconferencing（小規模ビデオ会議）, pp.15-16.(既出, 223)

訳者略歴

若林宏明 (わかばやし　ひろあき)

1939年兵庫県姫路市生まれ。東京大学工学部応用物理学科卒。同大学院博士課程修了（工学博士）。東京大学助教授、金沢工業大学教授を経て1999年より流通経済大学教授。この間、ニューメキシコ大学客員助教授、マサチューセッツ工科大学客員教授、ホノルル・イーストウエストセンター（資源システム研究所）客員研究フェロー、オークリッジ・エネルギー分析研究所客員研究員、西ドイツ・ユーリッヒ研究所客員研究員を歴任。

著書、「原子力と国際政治」（共著：白桃書房・1986）、*Making the Market Right for The Efficent Use of Energy*（共著：Nova Science Publishers, Inc.・1992）

インターネット経済・エネルギー・環境
電子商取引き（EC）がエネルギーと環境に及ぼす影響のシナリオ分析

発行日	2000年8月10日　初版発行
著　者	J. ロム・A. ローゼンフェルト・S. ヘルマン
訳　者	若林宏明［流通経済大学教授］
発行者	佐伯弘治
発行所	流通経済大学出版会
	〒301-8555　茨城県龍ケ崎市平畑120
	電話　0297-64-0001　FAX　0297-64-0011

Ⓒ Ryutsu Keizai University Press 2000　　　　Printed in Japan／桐原コム

ISBN4-947553-20-0　C3004　¥3000E

福澤諭吉の漢字練習帳
『文字之教』三部作
──完全復刻！

第一文字之教
第二文字之教
文字之教附録

● 福澤 諭吉 著
●● 和綴じ製本・箱入り
● 揃価 一二〇〇〇円
（分売不可・価格税別）

原本の発行は明治六年十一月、福澤が当時の小学読本として著わしたものである。

収録されている文字の組み合せは、それまでの伝統的な往来物とは異なり、日常生活で使用される頻度の高い文字が取り上げられている。

全体の構成は、教程が進むに従い、易しい文字から難しい文字へと学習のレベルが高まり、既に学習した文字を使った例文も豊富で、学習の能率を高めるための工夫が随所に読み取れる。

また、本書は単なる国語教科書であるにとまらず、修身・道徳の教科書としても優れており、わが国の第一級の教科書である。

復刻に当たっては原本に忠実であることを心がけた。是非とも座右に置きたい希有の一書である。

●流通経済大学出版会
〒301-8555 茨城県龍ケ崎市平畑120
TEL 0297(64)0001
FAX 0297(64)0011
E-mail: rkup@ipc.ryukei.ac.jp
郵便振替 00130-9-188616

出版案内　流通経済大学出版会

地域経済学と地域政策

H・アームストロング、J・テイラー 共著
坂下　昇　監訳
●A5判　544頁　4,000円(税別)

現在望みうる最良の「地域経済学テキスト」。
イギリスおよびヨーロッパ連合の実例を豊富に引用しつつ、地域経済分析および地域経済政策のわかりやすい解説を展開した、万人向きの「地域経済学」テキストである。

常識の交通学
−政策と学問の日本型思考を打破−

角本良平　著
●A5判　216頁　4,000円(税別)

「交通の政策も研究も不可能に踏み込んではならない。国民も国家も交通に不可能を要求してはならない。物事には限界のあることをここで明らかにしたい」と著者は説く。

交通学の視点

生田保夫　著
●A5判　282頁　3,500円(税別)

交通の本質を明らかにしつつ、それが社会の中にどう位置づけられ、評価、発展されていくべきかを理解する上での新たな視点を提供する。

上海―開放性と公共性

根橋正一　著
●A5判　258頁　4,000円(税別)

中国における市民社会の研究、特に権力に抗する市民社会の形成と発展が上海を舞台として存在していたことを実証的に示した労作。